国家电网有限公司

STATE GRID
CORPORATION OF CHINA

Q/GDW 10738—2020

《配电网规划设计技术导则》

条文释义

冯凯 主编

U0226280

中国电力出版社
CHINA ELECTRIC POWER PRESS

图书在版编目（CIP）数据

Q/GDW 10738—2020《配电网规划设计技术导则》条文释义/冯凯主编. —北京：中国电力出版社，2023.3 （2023.9重印）

ISBN 978-7-5198-6926-7

Ⅰ. ①Q… Ⅱ. ①冯… Ⅲ. ①配电系统－电力系统规划－技术规范 Ⅳ. ①TM715-65

中国版本图书馆 CIP 数据核字（2022）第 129147 号

出版发行：中国电力出版社
地　　址：北京市东城区北京站西街 19 号（邮政编码 100005）
网　　址：http://www.cepp.sgcc.com.cn
责任编辑：曹　慧（010-63412332）关　童
责任校对：黄　蓓　常燕昆
装帧设计：张俊霞
责任印制：钱兴根

印　　刷：三河市百盛印装有限公司
版　　次：2023 年 3 月第一版
印　　次：2023 年 9 月北京第二次印刷
开　　本：880 毫米×1230 毫米　32 开本
印　　张：7.625
字　　数：197 千字
定　　价：48.00 元

编 写 组

主　　编　　冯　凯

副 主 编　　赵洪磊　　高克利　　谷　毅　　娄奇鹤

编写人员　　盛万兴　　张　翼　　王雅丽　　孟晓丽

　　　　　　吴志力　　刘　伟　　陈　海　　张甲雷

　　　　　　赵明欣　　梁　昊　　崔艳妍　　孙　洲

　　　　　　张　伟　　胡诗尧　　崔　凯　　王云飞

　　　　　　赵　峰　　王登政　　李亦农　　刘艳茹

　　　　　　韩　柳　　张林垚　　胡哲晟　　刘墨煜

　　　　　　金广祥　　郭　亮　　刘桂林　　冯　腾

　　　　　　苏　剑　　吴桂联　　韦　涛　　侯义明

　　　　　　李　科　　全少理　　郭　玥　　刘　敏

　　　　　　董　茵　　黄　河　　高　松　　王　蕾

　　　　　　刘　军　　刘庆彪　　安佳坤　　李　华

　　　　　　戴　攀　　朱　夏　　姜世公　　马　宁

　　　　　　陈　浩　　林婷婷　　王　猛　　黄存强

　　　　　　贺琪博　　韩　俊　　白　宇　　王金丽

　　　　　　李　蕊　　朱刘柱　　王　涛　　胡　平

　　　　　　王灿林　　李小明　　叶　炜　　王春义

　　　　　　梁　荣　　王　哲　　王天华　　杨旭方

　　　　　　杨大为

前　　言

为统筹城市电网和农村电网发展需求，统一配电网规划设计技术标准，国家电网有限公司于 2012 年首次制定并发布了 Q/GDW 1738—2012《配电网规划设计技术导则》，有效指导了"十二五""十三五"配电网规划工作，对促进配电网健康持续发展发挥了重要作用。2018 年以来，根据配电网新的形势任务、政策环境以及发展理念，我们组织人员对标准进行了全面修订，重点对规划区域划分、负荷预测与电力平衡、主要技术原则、电网结构与主接线方式、智能化基本要求、用户及电源接入要求等方面内容进行了完善，并于 2020 年 12 月发布修订版 Q/GDW 10738—2020《配电网规划设计技术导则》（以下简称本《导则》）。

2020 年以来，国家提出并加快推进"碳达峰、碳中和"进程、构建新型电力系统，配电网作为新型电力系统的重要组成部分，面临分布式电源、新型储能、多元负荷、微电网、源网荷储一体化等新要素新业态快速发展带来的新挑战。2021 年 7 月，河南发生极端暴雨灾害，对配电网防灾抗灾能力提出更高要求。2022 年 10 月，党的二十大报告进一步提出"统筹发展和安全""加快构建新发展格局，着力推动高质量发展""加快规划建设新型能源体系""推动绿色发展"等新要求。为加快构建新型电力系统，服务新要素新业态高质量发展，提升配电网综合防灾抗灾能力，我们在 Q/GDW 10738—2020《配电网规划设计技术导则》的基础上，进一步增加了配电网防灾抗灾技术要求，细化了配电网智能终端、通信网以及分布式电源并网技术要求，补充了微电网、新型储能等接入技术要求。

本书为 Q/GDW 10738—2020《配电网规划设计技术导则》及其补充条款的条文释义。希望能够帮助广大配电网规划设计领域人员深刻理解、准确掌握配电网规划理念、原则和要求，更好地指导实际工作。为便于阅读，本书采用【释义】标记作为引导，对相应条款内涵进行深入解读。鉴于编者水平有限，书中难免有不足或疏漏之处，敬请读者和专家不吝赐教。

本书的出版得到了中国电力科学研究院有限公司的大力支持，在此表示感谢！

编　者

2023 年 3 月

目　录

1 范　围

本文件规定了 110 kV 及以下各电压等级配电网规划设计的技术原则。

本文件用于指导国家电网有限公司经营区域内 110 kV 及以下各电压等级配电网规划设计工作，国家电网有限公司控股、参股的增量配电区域可参照执行。

【释义】

Q/GDW 1738—2012《配电网规划设计技术导则》（以下简称原《导则》）规定了 110（66）kV 电网、35 kV 及以下各电压等级配电网规划设计的技术原则，用于指导国家电网有限公司经营区域内配电网规划设计有关工作。DL/T 5729《配电网规划设计技术导则》中明确规定配电网指 110 kV 及以下电压等级电网。本《导则》适用的电压等级范围与上述标准保持一致。此外，为适应增量配电业务改革，本《导则》扩大了适用范围，国家电网有限公司控股、参股的增量配电区域可参照本《导则》执行。

2 规范性引用文件

下列文件中的内容通过文中的规范性引用而构成本文件必不可少的条款。其中，注日期的引用文件，仅该日期对应的版本适用于本文件；不注日期的引用文件，其最新版本（包括所有的修改单）适用于本文件。

GB/T 156 标准电压

GB/T 12325 电能质量 供电电压偏差

GB/T 14285 继电保护和安全自动装置技术规程

GB/T 22239 信息安全技术 网络安全等级保护基本要求

GB/T 29328 重要电力用户供电电源及自备应急电源配置技术规范

GB/T 33589 微电网接入电力系统技术规定

GB/T 33593 分布式电源并网技术要求

GB/T 36278 电动汽车充换电设施接入配电网技术规范

GB/T 36547 电化学储能系统接入电网技术规定

GB/T 36572 电力监控系统网络安全防护导则

GB 50059 35 kV～110 kV 变电站设计规范

GB 50966 电动汽车充电站设计规范

GB/T 51072 110（66）kV～220 kV 智能变电站设计规范

DL/T 256 城市电网供电安全标准

DL/T 698（所有部分） 电能信息采集与管理系统

DL/T 836 供电系统供电可靠性评价规程

DL/T 985 配电变压器能效技术经济评价导则

DL/T 2041 分布式电源接入电网承载力评估导则

DL/T 5002 地区电网调度自动化设计技术规程

DL/T 5542　配电网规划设计规程

DL/T 5729　配电网规划设计技术导则

国家发展和改革委员会令第 14 号　电力监控系统安全防护规定

【释义】

除上述文件外，本《导则》修订过程中还参考了下述标准文件：

GB/T 50064　交流电气装置的过电压保护和绝缘配合设计规范

GB 50289　城市工程管线综合规划规范

GB/T 50293　城市电力规划规范

GB 50545　110 kV～750 kV 架空输电线路设计规范

DL/T 499　农村低压电力技术规程

DL/T 814　配电自动化系统功能规范

DL/T 1208　电能质量评估技术导则　供电电压偏差

DL/T 1711　电网短期和超短期负荷预测技术规范

DL/T 5118　农村电力网规划设计导则

DL/T 5131　农村电网建设与改造技术导则

DL/T 5440　重覆冰架空输电线路设计技术规程

Q/GDW 125　县城电网建设与改造技术导则

Q/GDW 156　城市电力网规划设计导则

Q/GDW 338　农村配网自动化典型设计规范

Q/GDW 462　农网建设与改造技术导则

Q/GDW 1212　电力系统无功补偿配置技术导则

Q/GDW 1382　配电自动化技术导则

Q/GDW 1392　风电场接入电网技术规定

Q/GDW 1480　分布式电源接入电网技术规定

Q/GDW 1617　光伏发电站接入电网技术规定

Q/GDW 1625　配电自动化建设与改造标准化设计技术规定

Q/GDW 10182　中重冰区架空输电线路设计技术规定

Q/GDW 10238　电动汽车充换电站供电系统规范

Q/GDW 10354   智能电能表功能规范

Q/GDW 10370   配电网技术导则

Q/GDW 10373   用电信息采集系统功能规范

Q/GDW 10667   分布式电源接入配电网运行控制规范

Q/GDW 11184   配电自动化规划设计技术导则

Q/GDW 11358   电力通信网规划设计技术导则

Q/GDW 11526   架空输电线路在线监测设计技术导则

Q/GDW 12115   电力物联网参考体系架构

3 术语和定义

【释义】

按照技术标准的书写规范，本章对后文中出现的关键术语进行了定义。

下列术语和定义适用于本文件。

3.1

配电网 distribution network

从电源侧（输电网、发电设施、分布式电源等）接受电能，并通过配电设施就地或逐级分配给各类用户的电力网络，对应电压等级一般为 110 kV 及以下。其中，110 kV～35 kV 电网为高压配电网，10（20、6）kV 电网为中压配电网，220/380 V 电网为低压配电网。

【释义】

本条明确了配电网的定义，以及高、中、低压配电网的电压等级界限。本《导则》中配电网的定义未完全沿用原《导则》中的定义"从电源侧（输电网和发电设施）接受电能，并通过配电设施就地或逐级分配给各类用户的电力网络"，而是采用了 DL/T 5729《配电网规划设计技术导则》中配电网的定义，并在定义的电源侧中加入了分布式电源。随着国家"碳达峰、碳中和"战略目标及构建新型电力系统实施路径的提出，配电网中接入的分布式电源将显著增加，配电网规划、设计、运行维护及管理的模式也需要跟随改变。条款中的发电设施主要指除分布式电源以外的常规电源。

配电网包括 110 kV～35 kV 高压配电线路和变电站（高压配电网）、10（20、6）kV 中压配电线路和配电变压器（中压配电网）、220/380 V 低压配电线路（低压配电网）三个层级，用户和分布式电源与配电网紧密关联。

5

3.2

分布式电源　distributed generation

接入 35 kV 及以下电压等级电网、位于用户附近，在 35 kV 及以下电压等级就地消纳为主的电源。

【释义】

采用了 GB/T 33593《分布式电源并网技术要求》中分布式电源的定义。

（1）分布式电源一般以同步发电机、异步发电机、变流器等形式接入电网。具体包括太阳能、天然气、生物质能、风能、水能、氢能、地热能、海洋能、资源综合利用发电（含煤矿瓦斯发电）等类型。

（2）直接接入 35 kV 及以下电压等级电网的储能装置视为同分布式电源。

（3）不同容量的分布式电源的具体并网电压等级应满足本《导则》11.2.2 的规定。

3.3

最大负荷　maximum load

在统计期内，规定的采集间隔点对应负荷中的最大值。

【释义】

根据 DL/T 1711《电网短期和超短期负荷预测技术规范》中的最高（大）负荷的定义：在统计时间区间内，每 15 min 时刻点对应负荷中的最大值。考虑到受数据采集所限，当无法采集每 15 min 时刻点对应负荷时，可采用统计期内每小时整点时刻对应负荷中的最大值，或其他规定的时间间隔点对应负荷中的最大值；满足条件的地区，可缩短采集时间间隔。因此，定义为"规定的采集间隔点对应负荷中的最大值"，其中，采集间隔点可选用 15 min、整点或其他规定的时间间隔点。

（1）当前电网调度控制系统可提供 5 min 采集间隔的负荷数据；用电信息采集系统可提供 15 min 采集间隔的负荷数据。

（2）根据统计期不同，一般有年、季、月、周、日最大负荷。

（3）根据统计范围不同，一般省、市、县（区）、供电分区、供电网格、供电单元的最大负荷。

3.4

规划计算负荷　planning calculation load

在最大负荷基础上，结合负荷特性、设备过载能力，以及需求响应等灵活性资源综合确定的配电网规划时所采用的负荷。

【释义】

明确了规划计算负荷的定义。配电网规划中，进行电力平衡分析、变压器容量需求测算、变压器选型配置时应采用规划计算负荷。

（1）受高温、严寒等天气影响和各产业生产工艺差异，用电负荷特性存在明显的波动性，易出现短时间的负荷尖峰。尖峰负荷具有单次持续时间短、出现频次低、累计持续时间短、用电量少等特点。传统电网规划以最大负荷确定电网规划规模，存在设备利用小时数低、投资效率低等问题。通过充分利用设备过载能力以及需求响应等灵活性资源，可以在满足尖峰负荷需求的同时，适当控制电网建设规模，提高电网资产利用率。因此，配电网规划时应采用规划计算负荷。

（2）配电网规划计算负荷需在最大负荷基础上结合负荷特性、设备过载能力以及需求响应等灵活性资源综合确定。

对于高压配电网，考虑到设备承受短时过载的时间一般不超过 3 h，需求响应可以针对日内短时尖峰负荷进行优化调节，并综合考虑应用灵活性资源对负荷进行优化调节的投入产出效益，一般情况下，可按照一年中累计持续时间为 24 h 时所对应的尖峰负荷占最大负荷的百分比，来确定规划计算负荷。如图 3-1 所示，全年 97% 最大负荷累计持续时间在 24 h 时（图中 *B* 点），规划计算负荷可按最大负荷的 97%计算；全年 95%最大负荷累计持续时间在 24 h 时（图中 *A* 点），规划计算负荷可按最大负荷的 95%计算；全年 93%最大负荷累计持续时间在 24 h 时（图中 *C* 点）时，规划计算负荷按最大负荷的 93%计算。

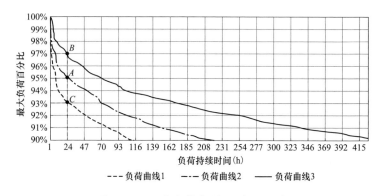

图 3-1　规划计算负荷的选取示意

对于中压配电网，因所带用户类型、负荷特性及设备过载能力差异性较大，规划计算负荷可采用 15 min 时刻点最大负荷、整点最大负荷、最大数日最大负荷的平均值等。

（3）在开展省、市、县（区）、供电分区、供电网格、供电单元逐级规划时，配电网规划计算负荷应根据历史数据或理论计算，选取适当的同时率进行归集或分解。

3.5

网供负荷　load by public network

同一规划区域（省、市、县、供电分区、供电网格、供电单元等）、同一电压等级公用变压器同一时刻所供负荷之和。

【释义】

明确了网供负荷的定义。配电网网供负荷包括 110（66）kV 网供负荷、35 kV 网供负荷和 10 kV 网供负荷。现状网供负荷一般通过将同一电压等级公用变压器的同一时刻负荷进行叠加之后得到。在规划时，分电压等级网供负荷可根据全社会最大负荷、直供用户负荷、自发自用负荷、上级变电站直降负荷、下级电网接入电源的出力、厂用电和网损、同时系数等因素综合计算得到，一般不考虑同电压等级直供负荷，具体计算方法参见本《导则》6.2.6 及条文释义。

3.6

饱和负荷　saturated load

规划区域在经济社会水平发展到成熟阶段的最大用电负荷。

当一个区域发展至某一阶段，电力需求保持相对稳定（连续 5 年年最大负荷增速小于 2%，或年电量增速小于 1%），且与该地区国土空间规划中的电力需求预测基本一致时，可将该地区该阶段的最大用电负荷视为饱和负荷。

【释义】

明确了饱和负荷的定义。一般依据国土空间规划（包含总体规划、专项规划、详细规划三类），采用基于用地性质、人口规划规模等因素的负荷密度法、人均用电量法等方法进行预测。饱和负荷预测主要用于指导配电网远期规划。本条术语新增了饱和负荷预测的参考值，要求与"该地区国土空间规划中的电力需求预测基本一致"，避免由于土地开发停滞等因素导致负荷增长缓慢而被误判为饱和负荷。

3.7

负荷发展曲线　load development curve

描述一定区域内负荷所处发展阶段（慢速增长初期、快速增长期及缓慢增长饱和期）的曲线。

【释义】

明确了负荷发展曲线的定义。可以通过分析区域负荷的发展曲线，明确电网所处的发展阶段，以此作为规划的依据。一般情况下，随着负荷的逐步增长，电网处于不断增强的发展过程中，在负荷慢速增长初期，电网处于建设初期，为了保证一定的经济性，变电站可采取小容量、少台数方式；在负荷快速增长期，电网处于发展过渡期，其电网建设可以适度超前；在负荷缓慢增长饱和期，电网处于发展完善期，电网结构应满足本《导则》要求，且电网建设不应有过度冗余。

负荷发展曲线的表现形式有多种，其中 S 型曲线是负荷发展曲线的一种典型形式。区域负荷的成长特性与其发展阶段密切相关，一般可分为慢速增长期、快速增长期和缓慢增长饱和期三个阶段。这三个阶段的长短与区域大小和建设进度有关，区域越大，每阶段持续的时间越长，S 型曲线越平滑；区域越小，每阶段持续的时间越短，达到饱和期越快。S 型曲线及增长率曲线见图 3-2。根据 S 型曲线可以确定电网发展阶段，并以此作为变电站建设时序等的规划依据。

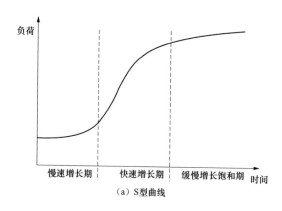

（a）S 型曲线

图 3-2　S 型曲线及增长率曲线图（一）

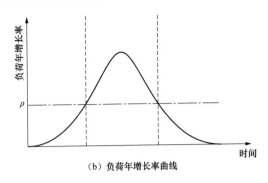

（b）负荷年增长率曲线

图 3-2　S 型曲线及增长率曲线图（二）

3.8

供电分区　power supply partition

在地市或县域内部，高压配电网网架结构完整、供电范围相对独立、中压配电网联系较为紧密的区域。

【释义】

适应网格化规划的要求，增加了供电分区的定义。

（1）为了有效提升配电网规划效率与精益化水平，配电网规划应全面推行网格化规划方法，将配电网供电区域逐级划分为供电分区、供电网格、供电单元，对应不同电网规划层级，分层分级开展配电网规划，各层级间相互衔接、上下配合。

（2）供电分区是网格划分层次结构（供电分区、供电网格、供电单元）中的最高层级，是开展高压配电网规划的基本单位。

（3）在网格化规划中供电分区主要开展高压配电网规划，用于高压配电网变电站布点和目标网架构建。

（4）在规划期内供电分区的高压配电网网架结构完整、供电范围相对独立。供电分区一般可按县（区）行政区划划分，对于电力需求总量较大的市（县），可划分为若干个供电分区。

（5）在实际工作中，需要区分供电分区与供电区域的含义差异。供电区域是根据饱和负荷密度，并参考行政级别、经济发达程度、

11

城市功能定位、用户重要程度、用电水平、国内生产总值（GDP）等因素确定的。一般县（区）行政区划均有 2 类～3 类供电区域，同类型的供电区域在地理上可能相邻也可能分散分布。

3.9

供电网格 power supply mesh

在供电分区划分基础上，与国土空间规划相衔接，具有一定数量高压配电网供电电源、中压配电网供电范围明确的独立区域。

【释义】

适应网格化规划的要求，增加了供电网格的定义。

（1）供电网格是网格划分层次结构（供电分区、供电网格、供电单元）中的中间层级，是开展中压配电网网架规划的基本单位。

（2）在网格化规划中供电网格主要开展中压配电网目标网架规划，统筹廊道资源及变电站出线间隔。

（3）在城市电网规划中，可以街区（群）、地块（组）作为供电网格；在乡村电网规划中，可以乡镇作为供电网格。

（4）供电网格的划分以饱和年变电站的分布为导向，原则上饱和期包含 2 座～4 座具有中压出线的上级公用变电站。对于现状年和规划水平年变电站布点不足的，可以灵活设置现状供电网格的范围，后续结合规划变电站建设情况进行供电网格范围调整。

3.10

供电单元 power supply unit

在供电网格划分基础上，结合城市用地功能定位，综合考虑用地属性、负荷密度、供电特性等因素划分的若干相对独立的单元。

【释义】

适应网格化规划的要求，增加了供电单元的定义。

（1）供电单元是网格划分层次结构（供电分区、供电网格、供电单元）中的最低层级，是网架分析、规划项目方案编制的基本单元。

（2）在网格化规划中供电单元一般用于规划中压网络接线、配电设施布局、用户和分布式电源接入，制定相应的中压配电网建设项目。

（3）饱和期供电单元内以 1 组~4 组中压典型接线为宜，并具备 2 个及以上主供电源。

3.11

容载比　capacity-load ratio

某一规划区域、某一电压等级电网的公用变电设备总容量与对应网供最大负荷的比值。

【释义】

明确了容载比的定义，在参照原《导则》的基础上，明确容载比计算中的负荷为网供最大负荷。

（1）容载比一般用于评估某一规划区域内 35 kV 及以上公用电网的容量裕度，是电网规划的宏观指标。

（2）在配电网规划中，容载比一般以行政区县或供电分区作为最小统计范围。

（3）在配电网规划中，容载比一般分电压等级计算，包括 110（66）kV 容载比、35 kV 容载比。

（4）容载比具体计算方法参见本《导则》7.3.2 及条文释义。

3.12

中压主干线　medium-voltage trunk line

变电站的 10（20、6）kV 出线，并承担主要电力传输的线段。

具备联络功能的线段是主干线的一部分。

【释义】

对于有联络（含开关站站间联络）的线路，主干线首端为变电站的 10 kV 出线开关，主干线末端一般为联络开关，开关站、环网室（箱）可作为主干线分段的关键元件。

（1）对于有多个联络开关的线路，主干线为从变电站 10 kV 出线开关到各联络开关之间的线路段。

（2）联络线路段（含开关站之间的联络线）承担着负荷转移的功能，应视为主干线，线路规格应与主干线一致。

（3）主干线不含开关站的出线，但作为下一级开关站电源进线的开关站出线可认为是主干线。

3.13

供电半径 power supply radius

中低压配电线路的供电距离是指从变电站（配电变压器）出线到其供电的最远负荷点之间的线路长度。

变电站的供电半径为变电站的 10（20、6）kV 出线供电距离的平均值。

配电变压器的供电半径为配电变压器低压出线供电距离的平均值。

【释义】

对中低压配电线路提出了供电距离的定义，对变电站、配电变压器提出了供电半径的定义。

（1）原《导则》中的变电站供电半径的定义为："变电站供电半径指变电站供电范围的几何中心到边界的平均值。"考虑到变电站供电范围的几何中心很难确定，且实际电网中变电站站址一般不位于几何中心，为了提高可操作性，本《导则》中变电站供电半径未沿用该定义。

（2）增加了配电变压器供电半径的定义。

（3）中低压配电线路供电距离一般以线路允许压降校核；变电站及配电变压器供电半径一般用于规划选址。

3.14

供电可靠性 reliability of power supply

配电网向用户持续供电的能力。

【释义】

根据 DL/T 836.1《供电系统供电可靠性评价规程　第 1 部分：通用要求》，供电系统用户供电可靠性是指"供电系统对用户持续供电的能力"，对于配电网，其供电可靠性定义为"配电网向用户持续供电的能力"。在配电网规划中，常用的可靠性指标为"系统平均停电时间"以及"平均供电可靠率"。根据停电时间统计范围的不同，"平均供电可靠率"主要有 ASAI-1（计入所有停电），ASAI-2（不计外部影响），ASAI-3（不计系统电源不足限电），ASAI-4（不计短时停电）。目前配电网现状分析及规划计算中主要采用 ASAI-1 进行统计和计算。

（1）统计标准方面，国内外供电可靠性评价指标的内涵基本一致，但在具体统计评价与指标发布时，针对统计口径、统计范围、重大灾害、短时停电等方面的处理方式略有差异。

（2）在统计口径方面，目前国内低压用户供电可靠性统计工作尚未普及，用户供电可靠性以中压公用配电变压器作为供电可靠性统计单位，国外大多基于终端用电客户（包括高压、中压和低压用户）来统计供电可靠性指标。

（3）在统计范围方面，国内一般区分城市地区与农村地区，国外则基本不区分地区特征。

（4）在处理重大自然灾害和短时停电方面，国内基本是全量统计，但是在指标发布时会给予考虑，美国、加拿大等按照是否区分重大事件的影响来公布可靠性指标，短时停电一般用单独指标来反映。

在低压用户供电可靠性管理试点的基础上，各供电企业可结合各自特点，因地制宜深化试点工作，以便更好地与国外的供电可靠性进行对标，完善现有可靠性统计内容。

3.15

N-1 停运   first circuit outage

高压配电网中一台变压器或一条线路故障或计划退出运行。

中压配电线路中一个分段（包括架空线路的一个分段、电缆线路的一个环网单元或一段电缆进线本体）故障或计划退出运行。

【释义】

提出了 N-1 停运的定义，该定义与 GB 38755《电力系统安全稳定导则》中的 N-1 原则（N-1 安全准则）不同。N-1 停运指单一元件退出电网运行的情况，在本《导则》中主要用于供电安全水平分析；而 N-1 安全准则是指单一元件退出电网运行，电网仍能维持稳定运行且不损失负荷的要求，一般用于 220 kV 及以上电网的安全稳定分析。N-1 停运的含义如下：

（1）N-1 停运对于高压配电网，是指电网中的一台变压器或一条线路故障或计划退出运行；对于中压配电网，是指线路中的一个分段（包括架空线路的一个分段、电缆线路的一个环网单元或一段电缆进线本体）故障或计划退出运行。

（2）中压配电网 N-1 停运的界定，主要考虑 10 kV 线路一般按分段运行（10 kV 架空线采用分段开关分段，10 kV 电缆采用环网单元分段），故障或计划停运一般以分段为单元发生。

3.16

N-1-1 停运   second circuit outage

高压配电网中一台变压器或一条线路计划停运情况下，同级电网中相关联的另一台变压器或一条线路因故障退出运行。

【释义】

提出了 N-1-1 停运的定义，N-1-1 停运是指相关联的两个元件退出电网运行的情况，在本《导则》中主要用于供电安全水平分析。N-1-1 停运的含义如下：

（1）N-1-1 停运对于高压配电网是指一台变压器或一条线路计划停运情况下，同级电网中相关的另一台变压器或一条线路故障退出运行，计划停运一般不安排在负荷高峰时期。

（2）对于 10 kV 配电网，除供电可靠性有特殊要求地区外，一般不考虑 N-1-1 停运。

3.17

供电安全水平　security of power supply

配电网在运行中承受故障扰动（如失去元件或发生短路故障）的能力，其评价指标是某种停运条件下（通常指 N-1 或 N-1-1 停运后）的供电恢复容量和供电恢复时间。

【释义】

根据 DL/T 256《城市电网供电安全标准》，本《导则》给出了供电安全水平的定义，供电安全水平的评价指标包括供电恢复容量和供电恢复时间两个方面。根据本《导则》组负荷规模的大小，配电网的供电安全水平可分为三级。

（1）DL/T 256《城市电网供电安全标准》是根据英国的供电安全标准 ER P2/5（Engineering recommendation-security of supply, 1978）和我国城市电网的实际情况制定的，旨在指导电力系统规划。ER P2/5 颁布于 1978 年，近 40 年来在英国配电网规划中起了相当重要的指导作用，也是英国电力市场化改革后电力监管机构要求配电网公司必须遵循的标准。

（2）DL/T 256《城市电网供电安全标准》参照了英国供电安全

标准 ER P2/5 的应用方法报告，应用了大量的可靠性研究成果，研究中采用了故障统计和风险分析的方法，考虑了故障和风险与系统改造成本之间的关系以及损耗的影响。针对我国城市电网现状，明确了最低的供电安全水平，对"N-1"和"N-1-1"停运情况下的恢复容量和恢复时间等都做了具体的规定。

（3）英国能源网络联合会（Energy Network Association，ENA）于 2019 年颁布了新的供电安全标准 ER P2/7，考虑了分布式电源的接入对配电网供电安全性的影响，在后续标准修订时，将结合我国电网的实际情况，充分借鉴吸收 ER P2/7 的研究成果。

3.18

负荷组　load group

由单个或多个供电点构成的集合。

【释义】

负荷组的定义引自 DL/T 256《城市电网供电安全标准》。

供电点指供电（配电）系统与用户电气系统的联结点。对于公用线路供电的高压用户，供电线路为该用户的供电点；对于专线供电的用户，为专线供电的变电站为该用户的供电点；对于低压供电的用户，配电变压器为该用户的供电点。

3.19

组负荷　group load

负荷组的最大负荷。

【释义】

组负荷的定义引自 DL/T 256《城市电网供电安全标准》。

（1）对于单个供电点，组负荷是在已确认的负荷预测结果中选定的适当最大负荷值；如果没有已确认的负荷预测结果，由其供电企业给定。

（2）对于多个供电点，组负荷是在已确认的负荷预测结果中选定的适当最大负荷值之和（考虑同时率）；如果没有已确认的负荷预测结果，由其供电企业给定。

3.20

转供能力 transfer capability

某一供电区域内，当电网元件发生停运时电网转移负荷的能力。

【释义】

明确了转供能力的定义。一般量化为可转移的负荷占该区域总负荷的比例。转供能力的含义为：

（1）某一高压配电网主变压器或线路发生停运时，电网将其负荷转移至站内其他变压器或相邻变电站供电的能力。高压配电网转供能力原则按 N-1 或 N-1-1 方式考虑，一般不考虑 2 台及以上主变压器同时停运（变电站全停）。

（2）某一中压配电线路（或分段）发生停运时，电网将其负荷转移至相邻中压线路供电的能力。按照电网实际情况，一般不考虑配电变压器间的低压负荷转移。

3.21

网络重构 network reconfiguration

中压配电网中，通过改变分段开关、联络开关的分合状态，重新组合、优化网络运行结构。

【释义】

明确了网络重构的定义。在中压配电网中，为实现隔离故障、恢复非故障区段、消除过载、平衡负荷、降低网损、提高电压质量等目的，通过改变分段开关、联络开关的分合状态，重新组合优化网络运行结构。

3.22

双回路　double circuit

为同一用户负荷供电的两回供电线路，两回供电线路可以来自同一变电站的同一母线段。

【释义】

依据 GB/T 29328《重要电力用户供电电源及自备应急电源配置技术规范》，明确了双回路的定义。双回路供电包括 4 种典型模式：双回路专线供电；双回路一路专线、一路环网公网进线供电；双回路一路专线、一路辐射公网进线供电；双回路两路辐射公网进线供电。

3.23

双电源　double power supply

为同一用户负荷供电的两回供电线路，两回供电线路可以分别来自两个不同的变电站，或来自不同电源进线的同一变电站内的两段母线。

【释义】

依据 GB/T 29328《重要电力用户供电电源及自备应急电源配置技术规范》，明确了双电源的定义。双电源供电包括 7 种典型模式：双电源（不同方向变电站）专线供电；双电源（不同方向变电站）一路专线、一路环网公网供电；双电源（不同方向变电站）一路专线、一路辐射公网供电；双电源（不同方向变电站）两路环网公网供电进线；双电源（不同方向变电站）两路辐射公网供电进线；双电源（同一变电站不同母线）一路专线、一路辐射公网供电；双电源（同一变电站不同母线）两路辐射公网供电。

3.24

多电源　multiple power supply

为同一用户负荷供电的两回以上的供电线路，至少有两回供电线路分别来自两个不同的变电站。

【释义】

依据 GB/T 29328《重要电力用户供电电源及自备应急电源配置技术规范》，明确了多电源的定义。三电源供电是一种多电源供电方式，三电源供电包括 3 种典型模式：三路电源来自三个变电站，全专线进线；三路电源来自两个变电站，两路专线进线，一路公网供电进线；三路电源来自两个变电站，一路专线进线，两路公网供电进线。

3.25

微电网　microgrid

由分布式发电、用电负荷、监控、保护和自动化装置等组成（必要时含储能装置），是一个能够基本实现内部电力电量平衡的小型供用电系统。微电网分为并网型微电网和独立型微电网。

【释义】

依据 GB/T 33589《微电网接入电力系统技术规定》，明确了微电网的定义。

独立型微电网指不与外部电网联网、独立运行的微电网，独立型微电网可实现完全自给自治。并网型微电网指既可以与外部电网并网运行，也可以独立运行，并以并网运行为主的微电网，并网型微电网可实现并网/离网运行模式的无缝切换。并网型微电网在大部分时间里都是和大电网联网运行，只有检测到大电网故障或电能质量不满足要求时，才与大电网断开转入独立运行模式，并保证微电网内全部或重要负荷的不间断电力供应。从大电网的角度来看，并网型微电网是一个可控、可调的整体单元，在其并网运行时，需要将其纳入大电网的统一管控之中。

3.26

坚强局部电网　strong local network

针对超过设防标准的严重自然灾害等导致的电力系统极端故

障,以保障城市基本运转、尽量降低社会影响为出发点,以目标重要用户为保障对象,通过构建完整"生命线"通道,保障目标重要用户保安负荷不停电、非保安负荷快速复电的最小规模网架,并具备孤岛运行能力。

【释义】

依据国家能源局《坚强局部电网规划建设实施方案》(国能发电力〔2020〕40 号),给出了坚强局部电网的定义。坚强局部电网具有结构清晰、局部坚韧、快速恢复的特点,通过构建坚强统一电网联络支撑、本地保障电源分区平衡、应急自备电源承担兜底、应急移动电源作为补充的电源保障体系,提升在极端状态下重点地区、重点部位、重要用户的电力供应保障能力,保证国家安全和社会稳定。

3.27

"生命线"用户 lifeline users

坚强局部电网保障的目标重要用户,当发生超过设防标准的严重自然灾害导致的电力系统极端故障时,保障城市基本运转、维持或恢复社会稳定、发挥抢险救灾功能的电力用户。

【释义】

适应坚强局部电网建设,给出了"生命线"用户的定义。

"生命线"用户原则上应包含政府确定的特级重要用户、部分一级和二级重要用户,主要包括党政机关、国防军事、新闻媒体、指挥中心、数据中心、医疗卫生、其他公共事业重要客户等七大类。

3.28

"生命线"通道 lifeline corridor

从目标重要用户出发,自 10 kV 线路逐电压层级向上溯源至本地保障电源,构成在电力系统极端故障下能够安全可靠运行的供电通道。若无本地保障电源，则溯源至 220（330）kV 变电站或自备电源。

【释义】

适应坚强局部电网建设，给出了"生命线"通道的定义，明确了"生命线"通道电压等级和延伸范围。根据本地区是否具备本地保障电源，给出了"生命线"通道的溯源原则：若有本地保障电源，"生命线"通道从目标重要用户出发，自 10 kV 线路逐电压层级向上溯源至本地保障电源；若无本地保障电源，"生命线"通道从目标重要用户出发，自 10 kV 线路逐电压层级向上溯源至 220（330）kV 变电站或自备电源。

3.29

本地保障电源 **local guaranteed power supply**

接入 220 kV 及以下电网，在电力系统极端故障下可快速响应，支撑坚强局部电网孤岛运行或黑启动的电源设施。

【释义】

适应坚强局部电网建设，给出了本地保障电源的定义。

围绕坚强局部电网规划建设，结合本地电源实际，原则上按照"改造为主、必要时新建"的原则，构建本地保障电源体系，各城市本地保障电源的建设时序应与电网项目的建设时序相衔接，电源规模应不低于重要用户负荷需求。按照"特级用户重点保障、分层分区接入电网"原则，优化本地保障电源选址布局。每个坚强局部电网应至少接入 1 座本地保障电源，原则上接入电压等级最高的本地保障电源应具备孤岛运行的能力；重点城市具备黑启动功能的本地保障电源数量应不少于 1 座。本地保障电源原则上接入 220 kV 及以下电网，必要时本地保障电源可接入 330 kV 电网。

为避免依赖单一性质电源，保障电源形式应满足多样化要求，一般选用能够提供持续可靠稳定电力供应的常规电源，如燃煤电厂、燃气电厂，也可选用径流量稳定或者具备季及以上调节能力的水电厂作为本地保障电源；集中式风电和光伏由于其出力波动性，不能作为本地保障电源；核电由于物理特性，在极端情况下应视为特殊负荷予以保障，不能作为本地保障电源。

3.30

新型储能系统　new energy storage system

除抽水蓄能外可循环电能存储、释放的系统。

【释义】

为适应新型储能发展，根据《国家发展改革委 国家能源局关于加快推动新型储能发展的指导意见》（发改能源规〔2021〕1051号）、国家能源局《新型储能项目管理规范（暂行）》（国能发科技规〔2021〕47号）、GB/T 36547《电化学储能系统接入电网技术规定》给出新型储能系统的定义。

新型储能以锂离子电池为代表的电化学储能为主，分为电源侧储能、电网侧储能和用户侧储能，其中电网侧储能包括电网侧独立储能电站和电网侧替代性储能。电网侧独立储能电站主要在负荷密集接入、大规模新能源汇集、大容量直流馈入、调峰调频困难和电压支撑能力不足等电网关键节点布局建设。电网侧替代性储能由电网企业负责投资建设，不具有独立市场主体地位，不参与储能共享，主要用于解决基本供电问题、延缓电网升级改造、提升电压支撑能力与电网供电能力、提供应急供电保障和提高供电可靠性等。

4 基本规定

【释义】

本章明确了配电网的功能定位、总体目标和构成要素，提出了系统规划、差异化规划、效率效益导向、全寿命周期等核心规划理念，以及网格化规划、智能化建设、规划计算分析及与国土空间规划衔接的基本要求，是引领全篇标准条文的总体原则。

4.1 坚强智能的配电网是能源互联网基础平台、智慧能源系统核心枢纽、新型电力系统的重要组成部分，应安全可靠、经济高效、公平便捷地服务电力客户，并促进分布式可调节资源聚合，电、气、冷、热多能互补，实现区域能源管理多级协同，提高能源利用效率，降低社会用能成本，优化电力营商环境，推动能源转型升级，支撑"双碳"目标实现。

【释义】

明确了配电网的重要地位和总体目标。能源互联网是以电为中心，以坚强智能电网为基础平台，将先进信息通信技术、控制技术与先进能源技术深度融合应用，支撑能源电力清洁低碳转型、能源综合利用效率优化和多元主体灵活便捷接入，具有清洁低碳、安全可靠、泛在互联、高效互动、智能开放等特征的智慧能源系统。能源互联网包括完整的电力系统以及与煤炭、油气、热力各系统的转换环节，不包括煤炭、油气、热力系统各自的生产、存储、传输、消费环节，是传统电网在技术、形态、功能等方面升级的高级阶段。配电网作为新型电力系统的重要组成部分，是能源互联网的重要基础，承载能源互联网的核心功能，而其自身涵盖电力生产、传输、存储和消费的全部环节，具备能源互联网全部要素，也是发展新业

25

务、新业态、新模式的重要物质基础。

4.2 配电网应具有科学的网架结构、必备的容量裕度、适当的转供能力、合理的装备水平和必要的数字化、自动化、智能化水平，以提高供电保障能力、应急处置能力、资源配置能力。

【释义】

配电网直接面向电力用户，是经济社会发展的重要基础设施。"十二五""十三五"期间，我国经济社会高速发展，电力作为经济发展的重要基础需要适度超前发展，具备一定的裕度。"十三五"末，我国配电网质量整体得到显著提升，用电需求由"用上电"向"用好电"转变，迫切需要提升供电服务的数字化、自动化和智能化水平。同时，随着我国经济发展由高速增长转向高质量发展，配电网投资在电网投资中的占比逐年提升，配电网发展重点也相应转变，需要更加突出安全、质量、效率、效益的平衡。本条立足于配电网最终要满足的性能目标（供电保障能力、应急处置能力、资源配置能力），从网架结构、容量裕度、转供能力、装备水平及数字化、自动化、智能化水平五个方面分解明确了配电网的建设目标和总体要求。

4.3 配电网规划应坚持各级电网协调发展，将配电网作为一个整体系统，满足各组成部分间的协调配合、空间上的优化布局和时间上的合理过渡。各电压等级变电容量应与用电负荷、电源装机和上下级变电容量相匹配，各电压等级电网应具有一定的负荷转移能力，并与上下级电网协调配合、相互支援。

【释义】

配电网作为大规模复杂系统，其内部组成部分相互作用、高度依赖，外部经济社会、城乡布局等边界条件复杂多变，且系统内外部各种因素随时间变化动态发展，因此配电网在规划设计时应坚持系统观念，运用系统方法，始终立足全局整体视角，统筹协调内部组成、空间布局与时序安排，实现系统整体科学性与经济性的最佳平衡。从电网实际发展情况看，经过"十二五""十三五"建设，220 kV及以上主网架、高压配电网、中压配电网、低压配电网均取得长足发展，电网发展质量显著提升，已经具备网架协调配合、相互支援的客观条件。坚持各级电网协调发展，有助于提升电网设备利用效率，提高资源整体配置效率。

4.4 配电网规划应坚持以效益效率为导向，在保障安全质量的前提下，处理好投入和产出的关系、投资能力和需求的关系，应综合考虑供电可靠性、电压合格率等技术指标与设备利用效率、项目投资收益等经济性指标，优先挖掘存量资产作用，科学制定规划方案，合理确定建设规模，优化项目建设时序。

【释义】

效益效率导向是"十四五"配电网规划重点提出的指导原则。一方面，随着我国经济发展进入新常态，电网负荷增速与投资建设强度逐步趋缓，电网效率效益不高问题逐渐凸显，配电网迫切需要挖掘存量资产潜力，释放精益管理效能。另一方面，配电网作为能源互联网的基础平台、智慧能源系统的核心枢纽、新型电力系统的重要组成部分，在技术、形态和功能上正在加速转变，未来电源、负荷两侧面临的结构性变化将对配电网运行效率形成巨大冲击，传统基于最大负荷的粗放式规划理念势必造成投资浪费，已难以适应配电网发展需要。

4.5 配电网规划应遵循资产全寿命周期成本最优的原则，分析由投资成本、运行成本、检修维护成本、故障成本和退役处置成本等组成的资产全寿命周期成本，对多个方案进行比选，实现电网资产在规划设计、建设改造、运维检修等全过程的整体成本最优。

【释义】

配电网点多面广、规模庞大，同时配电网投资比例逐年提升，这些因素使得配电网资产管理面临巨大挑战。资产全寿命周期成本最优原则是系统规划理念在时间维度上的重要应用，是资产管理领域的核心理念方法，对配电网资产管理也具有重要意义。

配电网全寿命周期成本是指包括配电网设备购置、安装、运行、检修、故障、改造直至报废的全过程发生的费用。全寿命周期成本计算模型如下：

$$C_{LCC}=C_I+C_O+C_M+C_F+C_D \tag{4-1}$$

式中：C_{LCC} ——全寿命周期成本；

C_I ——投资成本；

C_O ——运行成本；

C_M ——检修维护成本；

C_F ——故障成本，包括故障检修费用与故障损失成本；

C_D ——退役处置成本。

C_O、C_M、C_F 与设备寿命周期有关。

4.6 配电网规划应遵循差异化规划原则，根据各省各地和不同类型供电区域的经济社会发展阶段、实际需求和承受能力，差异化制定规划目标、技术原则和建设标准，合理满足区域发展、各类用户用电需求和多元主体灵活便捷接入。

【释义】

我国地域辽阔，东西部、南北方、城乡间的经济、环境、气候差异较大，造成城乡配电网发展不平衡、不充分特征显著，配电网建设标准、空间资源、政策环境、发展目标、投资水平等方面存在显著区别。若采用统一的规划标准，将难以做到有的放矢，势必造成投资不足与投资浪费问题同时存在，规划适应性和经济性将大打折扣。各地可依据区域发展、各类用户用电需求和多元主体灵活便捷接入实际要求，形成更具针对性的规划目标、技术原则和建设标准，以有效提升配电网规划的科学性与经济性。

4.7 配电网规划应全面推行网格化规划方法，结合国土空间规划、供电范围、负荷特性、用户需求等特点，合理划分供电分区、网格和单元，细致开展负荷预测，统筹变电站出线间隔和廊道资源，科学制定目标网架及过渡方案，实现现状电网到目标网架平稳过渡。

【释义】

配电网网格化规划就是打破碎片化布局，按照标准化思路、颗粒度网络，遵循地块用电需求和时序发展规律，以目标网架为引领、开发时序为依据，将配电网逐级划分为供电分区、供电网格、供电单元，分层分级开展配电网规划，科学布置高压、中压以及低压电力设施，并统筹终端、通信、保护配置等方面。其核心理念是以网格（单元）为单位对电力供需的大小、空间位置以及时间变化进行从点到面的统筹规划，将电力设施规模、数量、分布等准确置于地块中进行电能区块化配送，从而提高规划方案的适应性和可实施性，实现精准投资目标，提升规划精细化水平，保障规划方案有效落地，同时与网格化运维检修、营销服务的要求相匹配，并与地区发展规划有效衔接。

4.8 配电网规划应面向智慧化发展方向，加大智能终端部署和配电通信网建设，加快推广应用先进信息网络技术、控制技术，推动电网一、二次和信息系统融合发展，提升配电网互联互济能力和智能互动能力，有效支撑分布式能源开发利用和各种用能设施"即插即用"，实现"源-网-荷-储"协调互动，保障个性化、综合化、智能化服务需求，促进能源新业务、新业态、新模式发展。

【释义】

配电网是能源互联网的重要基础，也是能源互联网建设的主战场。为了建设具备"清洁低碳、安全可靠、泛在互联、高效互动、智能开放"特征的智慧能源系统,配电网规划应坚持智慧化发展方向,充分应用先进的信息网络技术、控制技术及管理手段,逐步提升智慧化水平,切实发挥能源互联网基础平台的作用。

4.9 配电网规划应加强计算分析,采用适用的评估方法和辅助决策手段开展技术经济分析,适应配电网由无源网络到有源网络的形态变化,促进精益化管理水平的提升。

【释义】

规划计算分析与技术经济分析是保障配电网规划方案科学合理、有效提升配电网规划精益化水平的重要手段。长期以来,配电网规划技术标准缺乏对计算内容、深度等方面的明确要求,各地在制定配电网规划方案时,多为定性分析、专家经验与粗略概算,导致规划的精益化程度较低。随着分布式电源、储能和电动汽车等多元化负荷的接入,以及配电网控制手段的丰富和可控资源的增加,传统无源配电网向有源配电网转变,配电网技术、形态、功能发生重大变化,对规划的精益化要求更高。同时,随着配电网网架结构不断优化、建设改造规模逐年加大,传统定性分析等手段已经难以适应配电网发展形势需求,借助相关辅助软件开展配电网规划计算分析工作势在必行。

4.10

配电网规划应与政府规划相衔接,按行政区划和政府要求开展电力设施空间布局规划,规划成果纳入地方国土空间规划,推动变电站、开关站、环网室(箱)、配电室站点,以及线路走廊用地、电缆通道合理预留。

【释义】

国土空间规划是国家空间发展的指南、可持续发展的空间蓝图,是各类开发保护建设活动的基本依据。电力设施规划作为支撑国土空间规划的重要内容,对保障国家发展规划落地、支撑国民经济和社会发展至关重要。近年来,由于规划站址落地困难、电力廊道占用等因素导致电网项目建设迟滞问题频繁出现,给社会经济发展带来一定影响。站址与廊道是重要的电网资源,直接关系到规划方案能否有效落地,本条明确配电网规划应与政府规划相衔接,规划成果应纳入地方国土空间规划(包括总体规划、专项规划和详细规划),切实保障配电网规划方案的落地实施。

5 规划区域划分

【释义】

本章明确了规划区域划分的原则与方法。规划区域划分包括供电区域划分和网格化划分，是配电网差异化规划的基础，是网架规划、设备选型的前提。供电区域划分用于确定区域内配电网发展建设的差异化标准和目标；网格化划分用以明确供电范围、明晰网架结构、优化项目方案和辅助一体化供电服务。根据侧重点不同，网格化划分可逐层细分为供电分区、供电网格、供电单元三个层级。如图 5-1 所示，高压配电网网架规划以供电分区为基本单元，中压配电网网架规划以供电网格为基本单元，中压配电网项目方案优化以供电单元为基本单元。网格化划分与行政区域之间的逻辑关系如图 5-2 所示。

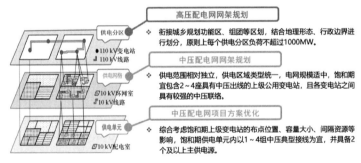

图 5-1 网格化划分的基本单元与作用

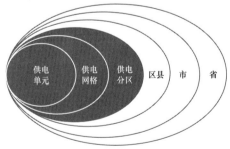

图 5-2 网格化划分与行政区域逻辑关系示意图

5.1 供电区域

5.1.1 供电区域划分是配电网差异化规划的重要基础，用于确定区域内配电网规划建设标准，主要依据饱和负荷密度，也可参考行政级别、经济发达程度、城市功能定位、用户重要程度、用电水平、GDP 等因素确定，如表 1 所示，并符合下列规定：

a）供电区域面积不宜小于 5 km²；

b）计算饱和负荷密度时，应扣除 110（66）kV 及以上专线负荷和相应面积，以及高山、戈壁、荒漠、水域、森林等无效供电面积；

c）表 1 中"主要分布地区"一栏作为参考，实际划分时应综合考虑其他因素。

表 1   供电区域划分表

供电区域	A+	A	B	C	D	E
饱和负荷密度 σ MW/km²	σ≥30	15≤σ <30	6≤σ <15	1≤σ <6	0.1≤σ<1	σ<0.1
主要分布地区	直辖市市中心城区，或省会城市、计划单列市核心区	地市级及以上城区	县级及以上城区	城镇区域	乡村地区	农牧区

【释义】

明确了供电区域划分的目的和依据。供电区域划分的目的是差异化确定某一区域电网的发展目标和建设标准。为便于和国土空间规划衔接，划分边界宜与行政区域边界相一致，与行政管理相协调。

饱和负荷密度是供电区域划分的主要依据，强调"饱和"主要是考虑供电区域的稳定性。其中，A+、A 类供电区域面积应严格限制，原则上规划水平年（近期）负荷密度远低于 30 MW/km² 或 15 MW/km² 的不设置为 A+ 或 A 类供电区域。划分各类供电区域时，要考虑到电网规划建设的可操作性，区域面积不宜太小（面积太小无法形成相对独立的网络，不便于统筹考虑变电站规划布点），根据测算，各类供电区域面积不宜小于 5 km²。相较于原《导则》，本《导则》不再将行政级别作为供电区域划分和定级的主要依据和必要条件，只作为可供参考的影响因素。表 1 中列举了各类供电区域主要分布地区的行政级别。

规定 b）中提及应扣除 110（66）kV 及以上专线负荷和相应面积，以及森林等无效供电面积。本《导则》主要任务之一是解决公用配电网建设标准的选定问题，因此，在扣除 110（66）kV 及以上专线负荷时，还需扣除相应面积，确保负荷密度的准确性。实际情况中，部分森林区域仍有用电需求，是否扣除面积应视具体情况而定。

5.1.2 供电区域划分应在省级公司指导下统一开展，在一个规划周期内（一般五年）供电区域类型应相对稳定。在新规划周期开始时调整，或有重大边界条件变化需在规划中期调整的，应专题说明。

【释义】

明确了省级公司在供电区域划分工作中的职责定位，划分工作由省级公司负责统筹开展并归口管理。相较于原《导则》，本《导则》进一步明确了供电区域划分调整的周期。供电区域调整一般在五年规划周期开始时或规划滚动时开展，规划执行期间不再进行调整以确保规划稳定性。供电区域调整时应根据 5.1.1 中的划分依据对调整的必要性和充分性进行专题说明。

5.1.3 电网建设形式主要包括变电站建设形式（户内、半户内、户外）、线路建设形式（架空、电缆）、电网结构（链式、环网、辐射）、馈线自动化及通信方式等。各类供电区域配电网建设的基本参考标准参见附录 A。

【释义】

明确了电网建设型式所包含的基本内容，附录 A 提供了各类供电区域配电网建设型式的参考标准。供电区域类别是电网建设型式的分类依据，而某一类供电区域对应的电网建设型式并不唯一，应根据用电水平、供电质量、空间布局等实际需求合理组合配置。

5.1.4 分布式电源规模化接入地区，电网一次系统建设标准不变，电网二次系统建设标准可适应性调整。

【释义】

明确了分布式电源规模化接入地区配电网一次系统、二次系统建设标准的变化情况。分布式电源并网遵循"就地接入、就近消纳"原则，基于该原则，净负荷曲线将发生变化，一般情况下负荷峰值下降或不变，一次系统建设标准能够满足分布式电源接入要求，无需提高一次系统建设标准。但为了满足分布式电源规模化接入地区配电网运行管理需求，实现 10 kV 分布式电源可观、可测、可调、可控，以及低压分布式电源可观、可测，需要对电网二次系统建设标准进行适应性调整。

5.2 供电分区

5.2.1 供电分区是开展高压配电网规划的基本单位，主要用于高压配电网变电站布点和目标网架构建。

【释义】

明确了供电分区的概念和作用。供电分区是高压配电网网架结构完整、供电范围相对独立的区域，可用于综合研判上下级电网情况，优选高压配电网目标网架，并统筹电网间隔、廊道等资源。

5.2.2 供电分区宜衔接城乡规划功能区、组团等区划，结合地理形态、行政边界进行划分。规划期内的高压配电网网架结构完整、供电范围相对独立。供电分区一般可按县（区）行政区划划分，对于电力需求总量较大的市（县），可划分为若干个供电分区，原则上每个供电分区负荷不超过 1000 MW。

【释义】

明确了供电分区的划分标准。供电分区为网格划分层次结构（供电分区、供电网格、供电单元，见图 5-3）中的最上位层级，划分时主要考虑地理形态和行政边界，同时应保证分区内高压配电网供电范围相对独立，结合电网规划运行情况，一般可按县（区）行政区域划分。为便于形成清晰、标准的高压配电网网架结构，取得精益化管理和规模化效益的优化平衡，供电分区内的负荷规模应结合上级变电站供电能力和供电范围等因素综合考虑，原则上每个供电分区负荷不超过 1000 MW。

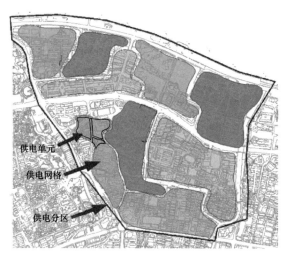

图 5-3　供电分区、供电网格、供电单元关系示意

5.2.3 供电分区划分应相对稳定、不重不漏，具有一定的近远期适应性，划分结果应逐步纳入相关业务系统中。

【释义】

明确了供电分区划分在稳定性和适应性方面的要求，应适当划分供电分区的大小，使得区域内电网规模适中，规划期内的高压配电网网架结构完整，供电分区划分结果应依托信息化手段与相关业务充分结合，并纳入相关业务系统中。

5.3　供电网格

5.3.1　供电网格是开展中压配电网目标网架规划的基本单位。在供电网格中，按照各级协调、全局最优的原则，统筹上级电源出线间隔及网格内廊道资源，确定中压配电网网架结构。

【释义】

明确了供电网格的概念和作用。供电网格是网格划分层级结构中的中间层级，主要用于中压配电网网架规划。

5.3.2　供电网格宜结合道路、铁路、河流、山丘等明显的地理形态进行划分，与国土空间规划相适应。在城市电网规划中，可以街区（群）、地块（组）作为供电网格；在乡村电网规划中，可以乡镇作为供电网格。

【释义】

明确了供电网格划分的基本原则，以及城市电网和乡村电网中供电网格划分的参考标准。基于"营配调规"一体化的供电服务需要，供电网格划分应充分考虑地理形态现状和规划发展等因素。

5.3.3　供电网格的供电范围应相对独立，供电区域类型应统一，电网规模应适中。饱和期宜包含 2 座～4 座具有中压出线的上级公用变电站（包括有直接中压出线的 220 kV 变电站），且各变电站之间具有较强的中压联络。

【释义】

从供电范围、供电区域、电网规模等方面明确了供电网格的技术要求。供电网格划分时主要关注区域负荷达到饱和时的电网发展建设情况。当一个供电网格内包含 2 座～4 座具有中压出线的上级公用变电站时，网格内配电网便于形成中压站间联络。为使供电范围清晰并减少交叉，宜将大部分互联线路划分在同一个网格中。

5.3.4 在划分供电网格时，应综合考虑中压配电网运维检修、营销服务等因素，以利于推进一体化供电服务。

【释义】

供电网格是开展配电网规划、前期项目管理、运维检修、营销服务等多项工作的基本单位，供电网格划分时需充分考虑各业务需求。

5.3.5 供电网格划分应相对稳定、不重不漏，具有一定的近远期适应性，划分结果应逐步纳入相关业务系统中。

【释义】

明确了供电网格划分在稳定性和适应性方面的要求。供电网格划分首先要保证不重不漏，避免规划等相关工作出现覆盖"盲区"。供电网格应立足电网现状，并结合未来规划进行划分，避免随着电网发展频繁调整，保证基于划分结果开展的系列工作可延续、可落地。供电网格划分应依托信息化手段与相关业务充分结合，结果纳入相关业务系统中。

5.4 供电单元

5.4.1 供电单元是配电网规划的最小单位，是在供电网格基础上的进一步细分。在供电单元内，根据地块功能、开发情况、地理条件、负荷分布、现状电网等情况，规划中压网络接线、配电设施布局、用户和分布式电源接入，制定相应的中压配电网建设项目。

【释义】

明确了供电单元的概念和作用。供电单元是网格划分层级结构中的最小单元，主要用于规划中压网络接线、开展配电设施布局、明确用户和分布式电源接入位置、制定中压配电网建设项目时序等。

供电单元应包含一组或多组完整的标准接线组。供电单元也是精益化管理的抓手，以供电单元为基本单位开展现状诊断，统筹网架、设备、智能化等建设改造需求，优化形成配电网项目方案，可实现"一项多能"。

5.4.2 在城市（园区）电网规划中，供电单元一般由若干个相邻的、开发程度相近、供电可靠性要求基本一致的地块（或用户区块）组成。在乡村电网规划中，供电单元一般由一个或相邻的多个自然村或行政村组成。在划分供电单元时，应综合考虑供电单元内各类负荷的互补特性，兼顾分布式电源发展需求，提高设备利用率。

【释义】

明确了供电单元的技术要求。在城市（园区）电网规划中，供电单元由若干地块或用户区块组成，这些地块或用户区块应在地理上相邻、负荷发展阶段相近且对供电质量的要求基本一致，以便于后续选择合理、统一的供电模式，有效适应供电单元内所有用户的用电需求。在乡村电网规划中，对于暂无控制性详细规划的情况，供电单元一般由一个或相邻的多个自然村（或行政村）组成。随着配电网中风电、光伏等分布式电源和电动汽车、储能等新型用能主体的广泛接入，源荷匹配度及配电设备利用率等受到显著影响，供电单元划分时，可以考虑地块或用户区块上分布式电源和各类负荷的互补特性，将电源出力曲线互济或负荷特性曲线互补的地块组合成供电单元，有利于平滑设备负载曲线，避免为满足尖峰出力或尖峰负荷而增大设备冗余，提升设备利用率。

5.4.3 供电单元的划分应综合考虑饱和期上级变电站的布点位置、容量大小、间隔资源等影响，饱和期供电单元内以 1 组～4 组中压典型接线为宜，并具备 2 个及以上主供电源。正常方式下，供电单元内各供电线路宜仅为本单元内的负荷供电。

【释义】

从饱和期中压典型接线组数、主供电源数量等方面明确了供电单元的技术要求。供电单元划分时主要关注区域负荷达到饱和时的电网发展建设情况。从网格化规划实践经验看，供电单元对应的电网规模应适中。规模过大、涵盖线路及用户过多，规划精确性和指导性将有所下降；规模过小，不易与标准接线对应，且工作量较大。因此，饱和期供电单元内中压典型接线宜控制在 1 组~4 组。单个供电单元内具备 2 个及以上主供电源，可确保在供电单元内部形成站间联络，最大程度减少供电范围交叉。

5.4.4 供电单元划分应相对稳定、不重不漏，具有一定的近远期适应性，划分结果应逐步纳入相关业务系统中。

【释义】

明确了供电单元划分在稳定性和适应性方面的要求，具体要求与供电网格划分的要求相类似。供电单元划分应依托信息化手段并与相关业务充分结合，结果纳入相关业务系统中。

6 负荷预测与电力平衡

【释义】

负荷预测与电力平衡是配电网规划设计的基础；规范配电网规划电力负荷预测与电力平衡的方法与流程，是实现配电网精细规划与精准投资的前提。本章充分考虑坚强智能电网以及多元化负荷互动的发展需求，提出了负荷预测的指导性要求，明确了具体方法与流程。

6.1 一般要求

6.1.1 负荷预测是配电网规划设计的基础，包括电量需求预测和电力需求预测，以及区域内各类电源和储能设施、电动汽车充换电设施等新型负荷的发展预测。

【释义】

明确了负荷预测的基本内容。配电网负荷预测需涵盖传统负荷以及多元化新型负荷的发展预测，分布式电源渗透率高的区域同时需对分布式电源发电功率进行预测。

各类电源及新型负荷的发展预测结果将对负荷预测结果产生影响。各类电源所占比例不同，尤其是位于用户侧的分布式电源类型、装机容量、出力特性及其与该区域负荷特性的相对关系，将对配电网最终获得的净负荷特性曲线产生显著影响，例如，大量分布式光伏接入配电网导致晚高峰高于午高峰，并且晚高峰时段后移，而如果分布式储能（或电动汽车参与到调峰市场）大量接入后，最大负荷增速将受到影响，甚至发生最大负荷下降而全社会用电量增长的现象。因此，在电网规划中需要开展相关专题研究，对各类电源及新型负荷的发展进行预测。

6.1.2 负荷预测主要包括饱和负荷预测和近中期负荷预测。饱和负荷预测是构建目标网架的基础，近中期负荷预测主要用于制定过渡网架方案和指导项目安排。

【释义】

负荷预测的年限可以分为近期（5年）、中期（10年）、远期（15年以上）三个阶段。中远期（含饱和）负荷预测主要为阶段性规划方案提供依据，其中饱和负荷预测及其空间分布主要为目标网架规划提供依据，并为高压变电站站址和高、中压线路廊道等电力设施布局规划提供参考。近期负荷预测主要为配电网工程项目安排提供依据。

中远期负荷预测均用于指导阶段性规划方案的制定，其中远期负荷预测偏重于指导变电站布点，更多考虑与饱和期目标网架规划的匹配，而中期负荷预测更多是对网架结构过渡方案的合理制定提供依据，在近期负荷预测指导下制定工程项目应考虑到中期过渡方案的调整，对线路廊道进行合理预留甚至按照终期目标提前调整路径，在满足各种供电需求的同时，达到全寿命周期投资最优的效果。

6.1.3 应根据不同区域、不同社会发展阶段、不同用户类型以及空间负荷预测结果，确定负荷发展曲线，并以此作为规划的依据。

【释义】

负荷的发展趋势与区域类型、社会发展阶段和用户类型密切相关，应结合以上因素及空间负荷预测结果，确定负荷发展曲线。根据负荷发展曲线可宏观判断电网的发展阶段，并以此为依据规划变电站的建设时序，进而合理安排电网投资。

6.1.4 负荷预测的基础数据包括经济社会发展规划和国土空间规划数据、自然气候数据、重大项目建设情况、上级电网规划对本规划区域的负荷预测结果、历史年负荷和电量数据等。配电网规划应积累和采用规范的负荷及电量历史数据作为预测依据。

【释义】

与原《导则》相比，增加了国土空间规划、重大项目建设情况作为负荷预测的基础数据。2019年5月，中共中央、国务院发布了《关于建立国土空间规划体系并监督实施的若干意见》，将主体功能区规划、土地利用规划、城乡规划等空间规划融合为统一的国土空间规划。空间负荷预测方法将主要以国土空间规划为依据。由于重大项目呈现点负荷特征，其建设进度对局部地区近期、中期负荷需求将产生重大影响，因此在负荷预测时应充分考虑。

数据收集是开展负荷特性分析与负荷预测工作的基础，包括但不限于本条中提到的数据。处理数据时，应深入分析历史数据的变化情况、原因及发展趋势，并对历史数据的缺失与畸变进行修正，保证基础数据连续、合理。

6.1.5 负荷预测应采用多种方法，经综合分析后给出高、中、低负荷预测方案，并提出推荐方案。

【释义】

不同的负荷预测方法预测结果通常会有差异。空间负荷预测是一种自下而上的负荷预测方法，对于饱和期负荷的分布有较大的参考价值。单耗法、人均电量法等可用于预测规划区域的总负荷，与空间负荷预测的结果相互校核，并对各分区域负荷预测结果进行修正。

根据历史年负荷增长趋势、社会和经济发展趋势、以往负荷预测方案与实际负荷偏差分析，合理选择推荐方案。一般以中方案为推荐方案；高方案主要考虑负荷突增情况，可以用于规划方案的校核。

6.1.6 负荷预测应分析综合能源系统耦合互补特性、需求响应引起的用户终端用电方式变化和负荷特性变化，并考虑各类分布式电源及储能设施、电动汽车充换电设施等新型负荷接入对预测结果的影响。

【释义】

随着需求侧管理等智能电网技术的应用，与传统方式相比，用户终端用电方式和负荷特性正发生改变，在负荷预测时应予以考虑。此外，还需考虑分布式电源和储能设施、电动汽车充换电设施等新型负荷对预测结果的影响。

从需求性质及可调潜力的角度划分，负荷可分为不可控负荷、时间可转移负荷、能量可替代负荷。不可控负荷包括供电要求高的重要负荷与无响应能力的负荷；时间可转移负荷指用能时间可灵活调整的负荷，包括热水器、洗衣机、电动汽车、空调等；能量可替代负荷指用能时间固定但可根据需要灵活选择能源形式的负荷，包括居民厨房设备等。后两者都可以通过市场化手段进行需求侧管理，从而改变用户的负荷特性，在负荷预测时要结合当地政策、市场以及综合能源系统的建设与运营情况进行差异化考虑。

峰谷电价属于需求侧管理的一种方式。在当前电价政策下，固定时段的峰谷电价并不能完全反映各个地区的电力供需形势，但其确实发挥了需求侧管理的作用，部分耗能较高的可中断型小加工企业充分利用峰谷电价差而灵活安排用电时间，导致为小工业聚集区域供电的变电站出现夜间负荷高于日间负荷的情况，在负荷预测时应予以重视。

另外，在确定分布式电源参与电力平衡的比例时，应充分分析规划区域相似条件电源的历史年实际运行情况，按照平衡场景取连续 5 年以上的平均值进行确定，并选择合理的同时率与出力系数。

6.1.7 负荷预测应给出电量和负荷的总量及分布（分区、分电压等级）预测结果。近期负荷预测结果应逐年列出，中期和远期可列出规划末期预测结果。

【释义】

电量和负荷的总量预测结果可体现整个规划区域国民经济和社会发展与电力需求的关系，分区、分压负荷预测结果作为变电站和线路规划的重要依据，二者可相互校核。分区负荷预测以支撑分区电网规划、建设及运营等工作为目标，分压负荷预测为规划水平年不同电压等级电网工程项目安排提供依据。近期负荷预测用于指导项目安排，应逐年列出。

6.2 负荷预测方法

6.2.1 配电网规划负荷预测分为总体负荷预测和空间负荷预测。

【释义】

明确了配电网规划负荷预测的基本分类。总体负荷预测侧重于对规划区域负荷总量的预测，空间负荷预测侧重于描述负荷的空间分布情况。

6.2.2 总体负荷预测的常用方法有：弹性系数法、单耗法、负荷密度法、趋势外推法、人均电量法等；当考虑分布式电源及储能设施、电动汽车充换电设施等新型负荷规模化接入时，可采用概率建模法、神经网络法、蒙特卡洛模拟法等；对于新增大用户负荷比重较大的地区，可采用点负荷增长与区域其他负荷自然增长相结合的方法进行预测。

【释义】

明确了总体负荷预测的主要方法。开展负荷预测时应先分析现状电网电力负荷，并根据规划区域的负荷类型、产业结构、经济社会发展水平等，合理选择总体负荷预测方法。弹性系数法、单耗法、人均电量法一般用来预测电量，负荷密度法一般用于预测负荷，趋势外推法可以预测电量，也可以预测负荷。

电动汽车充换电设施负荷可采用趋势外推法、概率建模法、蒙特卡洛模拟法等方法进行预测；分布式电源发电功率可以采用统计分析、神经网络法等方法进行预测。

除了上述提到的方法以外，还有一些常用的负荷预测方法。比如最大负荷利用小时数法可通过已预测的电量和最大负荷利用小时数对最大负荷进行预测，需用系数法可通过用户报装设备容量与需用系数对最大负荷进行预测，大用户法可结合大用户报装容量与区域其他负荷自然增长对最大负荷进行预测，在这里仅对该条提到的常用负荷预测方法进行简要介绍。

（1）弹性系数法。弹性系数法对于数据的需求较少，一般用于对预测结果的校核和分析。电力消费弹性系数是指一定时期内用电量年均增长率与 GDP 年均增长率的比值：

$$\eta_t = \frac{W_t}{v_t} \qquad (6\text{-}1)$$

式中：W_t ——一定时期内用电量的年均增长速度；

$\quad\quad\ v_t$ ——一定时期内 GDP 的年均增长速度。

电力消费弹性系数法是根据历史阶段电力弹性系数的变化规律，预测今后一段时期的电力需求的方法。该方法可以预测全社会用电量，也可以预测分产业的用电量。首先使用某种方法预测或确定未来一段时期的电力弹性系数；再根据政府部门未来一段时期的 GDP 的年均增长率预测值与电力消费弹性系数，推算出第 n 年的用电量。

$$W_n = W_0 \times (1 + \eta_t \cdot v_t)^n \qquad (6\text{-}2)$$

式中：W_0、W_n ——分别为计算初期和末期的用电量。

需要注意的是，弹性系数法预测的精度相对较低。一方面，GDP 年均增长率本身是预测值，受各种因素（如 2020 年爆发的新冠肺炎疫情等）影响，其准确度不高。另一方面，随着经济发展增速放缓，而电能替代作为节能减排的一种手段，用电量增速存在一定的增长潜力，但电能替代带来的电量增长预测较为困难，GDP增速与用电量增速变化趋势可能会存在较大差异，导致电力弹性系数较难确定，故该方法整体预测精度较低。

（2）单耗法。单耗法一般适用于有单耗指标的产业负荷，对短期负荷预测效果较好，但计算较为笼统，难以反映经济、政治、气候等条件的影响。产业产值用电单耗法先分别对产业（部门）进行电量预测，得到产业和行业用电量，然后对生活用电进行单独预测，最后计算地区用电量。

每单位国民经济生产总值所消耗的电量称为产值单耗，主要通过对国民经济三大产业单位产值耗电量进行统计分析得到。

$$W = k \times G \qquad (6\text{-}3)$$

式中：k——某年某产业产值的用电单耗；

G——预测水平相应年的 GDP 增加值；

W——预测年的需电量指标。

三大产业的预测电量相加，得到各年份的全行业用电量。

$$W_{行业} = W_{一产} + W_{二产} + W_{三产} \qquad (6\text{-}4)$$

式中：$W_{行业}$——全行业用电量；

$W_{一产}$——第一产业用电量；

$W_{二产}$——第二产业用电量；

$W_{三产}$——第三产业用电量。

最后通过人均电量指标法、趋势外推法等对居民生活用电量进行预测，再与全行业用电量相加可得到全社会用电量。

（3）负荷密度法。负荷密度法用于国土空间规划明确的经济开发区等区域电网规划，预测不同用电性质地区负荷分布的地理位置、数量和时序，常用于远期（饱和）负荷预测。负荷密度法指根据规划区域控制性详细规划中各地块的用地性质和容积率，以及负荷密度指标、需用系数、同时率，得出各用地单元用电负荷情况。其计

算公式如下:

$$P = K_{C} \times \sum_{n=1}^{n=i}(S_n \times R_n \times d_n \times K_{dn}) \qquad (6\text{-}5)$$

式中: P ——区域空间负荷;

K_{C} ——同时率;

n ——规划区域划分的地块数量;

S_n ——第 n 块用地单元占地面积,m^2;

R_n ——第 n 块用地单元的容积率;

d_n ——第 n 块用地单元负荷密度指标,W/m^2;

K_{dn} ——第 n 块用地单元需用系数。

当采用单位建设用地面积进行负荷预测时,用地单元负荷密度指标 d 采用规划单位建设用地负荷指标;当采用单位建筑面积进行负荷预测时,用地单元负荷密度指标 d 采用规划单位建筑面积负荷指标。在配电网规划中,通常以 GB/T 50293《城市电力规划规范》为基础,综合考虑当地社会经济发展和居民生活水平等因素,以适度超前为原则制定各地空间负荷密度指标体系,见表 6-1 和表 6-2。但空间负荷密度指标体系有明显的区域特色,由于气候、经济发展水平、产业类型等差异,仍需根据当地特点进行调整,针对性地设置密度指标。

表 6-1　　　　　　　规划单位建设用地负荷指标

序号	城市建设用地类别	单位建设用地负荷密度 kW/km²
1	居住用地(R)	100~400
2	商业服务业设施用地(B)	400~1200
3	公共管理与公共服务设施用地(A)	300~800
4	工业用地(M)	200~800
5	物流仓储用地(W)	20~40
6	道路与交通设施用地(S)	15~30
7	公用设施用地(U)	150~250
8	绿地与广场用地(G)	10~30

表6-2　　　　　　　　规划单位建筑面积负荷指标

序号	建筑类别	单位建筑面积负荷密度 W/m²
1	居住建筑	30～70
2	公共建筑	40～150
3	工业建筑	10～120
4	仓储物流建筑	15～50
5	市政设施建筑	20～50

通过对国内发达城市用户进行调研，表6-3和表6-4给出了分产业需用系数和同时率的推荐值，仅供参考。

表6-3　　　各类产业及城乡居民需用系数现状统计值

类别	上限	平均值	下限
第一产业	0.481	0.395	0.31
第二产业	0.414	0.4	0.401
第三产业	0.354	0.34	0.339
城乡居民	0.35	0.2	0.1

表6-4　　　　　　　各类产业同时率现状统计值

类别	5～10个用户			10～20个用户			20～50个用户		
	平均值	下限	上限	平均值	下限	上限	平均值	下限	上限
第一产业	0.883	0.881	0.885	0.864	0.862	0.866	—	—	—
第二产业	0.9	0.894	0.905	0.884	0.879	0.889	0.875	0.871	0.879
第三产业	0.919	0.914	0.924	0.903	0.899	0.908	0.899	0.895	0.903

类别	50～100个用户			100个以上用户		
	平均值	下限	上限	平均值	下限	上限
第一产业	—	—	—	—	—	—
第二产业	0.869	0.866	0.871	0.864	0.863	0.866
第三产业	0.901	0.899	0.903	0.9	0.899	0.902

（4）趋势外推法。趋势外推法又称为趋势延伸法，其原理是根据预测变量的历史时间序列揭示出的变动趋势来外推未来。趋势外推法通常用于预测对象发展规律呈渐进式变化，而非跳跃式变化，并且能够找到一个合适函数曲线反映预测对象变化趋势的情况。实际预测中最常采用的是一些比较简单的函数模型，如线性模型、指数曲线、生长曲线、包络曲线等。

电力负荷预测中经常提到的平均增长率法、增长速度法、时间序列法、生长曲线法都可以归为趋势外推法，其中平均增长率法、增长速度法、时间序列法对近期负荷的拟合度优于中期负荷，对远期负荷预测精度不高；有条件的区域推荐采用生长曲线法，一般结合负荷密度法对饱和负荷进行预测后，用生长曲线法对各阶段的负荷发展进行拟合。

（5）人均电量法。人均电量一般用于饱和用电量预测。该方法根据区域国土空间规划、社会经济发展规划等，研究与环境、资源相适应的最大人口规模，并参考相似的国内外发达地区人均用电量，确定规划区域人均饱和用电量，饱和年份人口与人均用电量的乘积即为该区域饱和用电量。

（6）电力大用户法。利用点负荷增长与区域负荷自然增长相结合的方法进行预测，适用于新增大用户负荷比重较大的地区，或掌握大用户详细资料的地区。

预测公式如下：

$$P_m = P_0 \times (1+K)^m + \left[\sum_{n=1}^{N} (S_n \times K_d) \times \eta_d \right] \times \eta \qquad (6\text{-}6)$$

式中：P_m——预测水平年最高负荷，MW，预测下一年时 $m=1$，预测下两年时 $m=2$，依次类推；

P_0——基准年最高负荷扣除已有大用户负荷，MW；

K——最高负荷扣除大用户的自然增长率，式中自然增长负荷预测采用的是平均增长率法，即根据历史规律和未

来国民经济发展规划，估算今后负荷的平均增长率，
并以此测算水平年的自然增长负荷状况；

S_n ——第 n 个大用户的装接容量，MVA，即该新增用户的
申请报装容量；

K_d ——第 n 个大用户所对应的行业 d 的需用系数；

η_d ——行业 d 的同时率；

η ——各行业之间的同时率。

行业需用系数与行业间同时率可参考本地区该行业发展成熟的
同类用户历史负荷数据进行确定。

6.2.3 总体负荷预测可根据规划区负荷预测的数据基础和实际需
要，综合选用三种及以上适宜的方法进行预测，并相互校核。

【释义】

负荷预测结果的校核包括纵向校核和横向校核。纵向校核是与
规划地区历史年的发展相校核，分析预测结果与历史数据的差异性，
如负荷增长率是否符合地区发展阶段，年最大负荷利用小时数是否
和地区产业结构调整趋势一致等。横向校核是将预测结果与其他同
类地区的预测结果或者现状发展阶段进行比较。

6.2.4 网格化规划区域应开展空间负荷预测，并符合下列规定：

a）结合国土空间规划，通过分析规划水平年各地块的土地利
用特征和发展规律，预测各地块负荷；

b）对相邻地块进行合并，逐级计算供电单元、供电网格、供
电分区等规划区域的负荷，同时率可参考负荷特性曲线确定。

【释义】

空间负荷预测是网格化规划的重要基础之一。若该地区具有国
土空间规划，空间负荷预测一般采用负荷密度法，以地块性质和用
地面积为基础数据预测地块负荷。控制性详细规划（修建性详细规

划）明确了一定时期内局部地区具体地块用途、强度、空间环境和各项工程建设，并包含空间负荷预测所需的容积率、建筑高度、建筑密度、绿地率等用地指标。国土空间规划体系发布后，控制性详细规划（修建性详细规划）已纳入国土空间详细规划体系。

若该地区暂无国土空间规划，可根据规划区域已有的数据基础以及实际运行经验，采用人均电量法、单耗法等方法对饱和负荷进行预测。

b）为新增内容，补充了面向网格化规划的详细要求。不同地块因用地性质不同，负荷特性可能有较大差异，在邻近范围内，合并时可考虑负荷特性相近或互补的地块。

6.2.5 配电网规划应将规划区域总体负荷预测结果与空间负荷预测结果相互校核，确定规划区域总负荷的推荐方案，并修正各地块、供电单元、供电网格、供电分区等规划区域的负荷。

【释义】

本条为新增内容，是面向网格化规划要求的进一步补充，阐释了总体负荷预测结果与空间负荷预测结果的内在联系。总体负荷预测是一种自上而下的宏观的预测方法，空间负荷预测是一种自下而上的微观的预测方法。空间负荷预测通过各地块负荷，逐级计算供电单元、供电网格、供电分区负荷后，可以得到规划区域的负荷总量，该结果需要与总体负荷预测的结果进行校核。如果存在较大偏差，需要进一步分析差异原因，重新选取合适的总体负荷预测方法，或对同时率、负荷密度等重要参数进行调整，直到得到合理的区域总负荷推荐方案，并以此为依据逐级修正各地块、供电单元、供电网格、供电分区等规划区域的负荷。

6.2.6 分电压等级网供负荷预测可根据全社会最大负荷、直供用户负荷、自发自用负荷、上级变电站直降负荷、下级电网接入电源的出力、厂用电和网损、同时系数等因素综合计算得到。

【释义】

分电压等级网供负荷预测方法如下（如图 6-1 所示）：

110（66）kV 网供负荷 = Σ110（66）kV 公用变压器降压负荷

　　　　　　　　　　= Σ110（66）kV 公用变压器直降 10 kV 负荷

　　　　　　　　　　+ Σ110（66）kV 公用变压器直降 35 kV 负荷

　　　　　　　　　　= 全社会用电负荷 − 地方公用电厂厂用电

　　　　　　　　　　− 自发自用负荷（含孤网）−110（66）kV

　　　　　　　　　　及以上电网直供负荷 −220（330）kV 直降

　　　　　　　　　　35 kV 负荷 −220（330）kV 直降 10 kV 负荷

　　　　　　　　　　−35 kV 及以下参与电力平衡发电负荷　　（6-7）

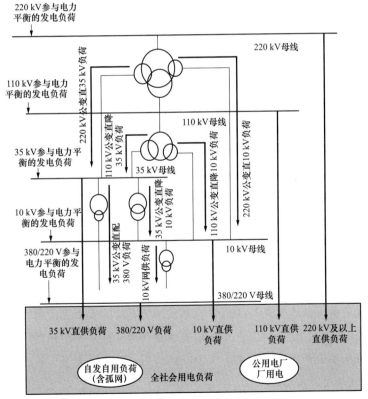

图 6-1　各电压等级网供负荷分布示意图

35 kV 网供负荷=Σ35 kV 公用变压器降压负荷

        =Σ35 kV 公用变压器直降 10 kV 负荷+Σ35 kV 公

        用变压器直配 380 V 负荷全社会最大用电负荷

        –地方公用电厂厂用电–自发自用负荷（含孤网）

        –35 kV 及以上电网直供负荷–220（330）kV 直

        降 10 kV 负荷–110 kV 直降 10 kV 负荷–10 kV

        及以下参与电力平衡的发电负荷　　　（6-8）

10 kV 网供负荷=Σ10 kV 公用配电变压器降压负荷

        =全社会最大用电负荷–地方公用电厂厂用电

        –自发自用负荷（含孤网）–35 kV 及以上电网直

        供负荷–10 kV 直供负荷–35 kV 直降 380 V 负荷

        –380 V/220 V 参与电力平衡的发电负荷　　（6-9）

本《导则》3.5 中明确了网供负荷是指同一规划区域（省、市、县、供电分区、供电网格、供电单元等）、同一电压等级公用变压器同一时刻所供负荷之和。对现状网供负荷进行统计时，只需对对应电压等级的公用变压器负荷曲线进行叠加。在规划时网供负荷按照式（6-7）～式（6-9）进行计算。特别说明：

（1）110（66）kV 及以上电网直供负荷、35 kV 及以上电网直供负荷、10 kV 直供负荷需计入公用线路所带的专用变压器负荷，如部分牵引站、10 kV 公用线路所带的专用变压器负荷。

（2）本《导则》中定义的 10 kV 网供负荷为 10 kV 公用配电变压器负荷。结合 10 kV 用户供电方式，10 kV 负荷包括 10 kV 专用线路上的专用变压器负荷（专线专变）、10 kV 公用线路上的专用变压器负荷（公线专变）、10 kV 公用线路上的公用变压器负荷（公线公变）3 类。式（6-9）中 10 kV 直供负荷为 10 kV 专用线路上的专用变压器负荷（专线专变）与 10 kV 公用线路上的专用变压器负荷（公线专变）之和。

在此举例说明 110 kV、35 kV 与 10 kV 网供负荷的计算方法。

例：某地区 2021—2025 年的最大负荷见表 6-5，试计算该地区 110 kV、35 kV、10 kV 网供负荷（单位：MW）。

表 6-5　　某地区 110 kV～10 kV 分年度网供负荷预测

负荷类型	2021 年	2022 年	2023 年	2024 年	2025 年
（1）全社会最大用电负荷	434	460	498	534	562
（2）地方公用电厂厂用电	61.52	61.52	61.82	61.82	62
（3）220 kV 及以上电网直供负荷	0	0	0	0	0
（4）110 kV 电网直供负荷	29.35	29.54	29.73	29.92	30
（5）220 kV 直降 35 kV 负荷	0	0	0	0	0
（6）220 kV 直降 10 kV 负荷	15.8	17.2	19.4	21.7	27
（7）35 kV 及以下上网且参与电力平衡发电负荷	16.6	16.6	16.6	16.6	17
（8）35 kV 电网直供负荷	14.99	21.17	30.87	34.71	36
（9）110 kV 直降 10 kV 负荷	97.69	105.51	124.5	144.42	162
（10）10 kV 侧上网且参与电力平衡的发电负荷	8	8	8	8	8
（11）35 kV 直降 380 V 负荷	0	0	0	0	0
（12）380 V/220 V 参与电力平衡的发电负荷	0	0	0	0	0
（13）10 kV 专线用户负荷	55.5	65.32	68.97	73.56	79.4
（14）10 kV 公线上的专用变压器负荷	33.56	40.12	45.34	50.12	60.54

110 kV 网供负荷=全社会最大用电负荷（1）−地方公用电厂厂用电（2）−220 kV 及以上电网直供负荷（3）−110 kV 电网直供负荷（4）−220 kV 直降 35 kV 负荷（5）−220 kV 直降 10 kV 负荷（6）−35 kV 及以下上网且参与电力平衡发电负荷（7）

35 kV 网供负荷=全社会最大用电负荷（1）−地方公用电厂厂用电（2）−220 kV 及以上电网直供负荷（3）−110 kV 电网直供负荷（4）−35 kV 电网直供负荷（8）−220 kV 直降 10 kV 负荷（6）−110 kV 直降 10 kV 负荷（9）−10 kV 侧上网且参与电力平衡的发电负荷（10）−380 V/220 V 参与电力平衡的发电负荷（12）

10 kV 网供负荷=全社会最大用电负荷（1）−地方公用电厂厂用电（2）−220 kV 及以上电网直供负荷（3）−110 kV 电网直供负荷（4）−35 kV 电网直供负荷（8）−10 kV 专线用户负荷（13）−10 kV 公线上的专用变压器负荷（14）−35 kV 直降 380 V 负荷（11）−380 V/220 V 参与电力平衡的发电负荷（12）

6.3 电力电量平衡

6.3.1 电力平衡应分区、分电压等级、分年度进行，并考虑各类分布式电源和储能设施、电动汽车充换电设施等新型负荷的影响。

【释义】

分区、分电压等级的电力平衡可为不同区域、不同电压等级的变电设备容量规划提供依据，分年度的电力平衡可用于确定变电设备建设时序。

分布式电源可支撑部分本地负荷，在进行电力平衡时应减去，分布式电源参与电力平衡的比例应根据当地实际电源出力特性确定，并与电力平衡场景相对应。

储能设施是能源互联网的重要组成部分和关键支撑技术，具有快速响应和双向调节、环境适应性强、建设周期短等技术优势。电网侧配置储能，能够优化电网结构、解决电网阻塞、增强电网调节能力、辅助调频调峰，提升电网整体安全水平和利用效率。在进行电力平衡时，电网侧储能应结合充放电策略，分析储能对负荷特性曲线的影响，考虑到储能电池实际使用的寿命，电网侧储能最大可按照额定充放电功率的80%～100%参与平衡。

电动汽车充换电设施等新型负荷会对区域负荷特性产生影响，进行电力平衡时应予以考虑。若区域内存在电动汽车充电负荷，并可进行有序充电管理时，可在负荷预测中考虑有序充电形态下的充电负荷特性，或将有序充电作为灵活资源的一种形式，计入灵活资源特性曲线中。

6.3.2 分电压等级电力平衡应结合负荷预测结果、电源装机发展情况和现有变压器容量，确定该电压等级所需新增的变压器容量。

【释义】

分电压等级电力平衡主要用于确定各电压等级变电设备的容量。目标年的变电容量计算如下：

$$S = P \times R_s \qquad (6\text{-}10)$$

式中：S ——规划期末的变电容量需求；

$\qquad P$ ——规划期末的网供最大负荷；

$\qquad R_s$ ——规划期末的容载比。

变电容量估算模版可参考表 6-6。

表 6-6　　　　　　　　变电容量估算表

区域名称	电压等级	类别	××××年	××××年	××××年	××××年
××地区	110 kV	网供负荷				
		容载比				
		期末容量				
		现有容量				
		新增容量				
	35 kV	网供负荷				
		容载比				
		期末容量				
		现有容量				
		新增容量				

容载比一般可按照本《导则》7.3.4 确定，新增变电容量按式（6-11）计算：

$$\Delta S = S - S_0 \qquad (6\text{-}11)$$

式中：ΔS ——需新增变电容量；

$\qquad S$ ——规划期末的变电容量；

$\qquad S_0$ ——规划期初的变电容量。

6.3.3　水电能源的比例较高时，电力平衡应根据其在不同季节的构成比例，分丰期、枯期进行平衡。

【释义】

本条引自 DL/T 5729《配电网规划设计技术导则》，水电在丰期和枯期的出力特性有较大差异，当水电能源比例较高时，应分季节进行电力平衡。一般情况下，丰期水电出力超过丰期低谷负荷时，该地区会出现潮流倒送上网情况，可认为水电能源比例较高，需要进行分季节的电力平衡。

同理，当区域内光伏、风电等不可控的本地电源较多时，应综合考虑区域负荷特性与不可控电源的出力特性，分场景进行电力平衡。若分电压等级的电力平衡结果为负时，表明该电压等级在该场景下存在潮流倒送的情况，该电压等级的新增变压器容量应根据倒送与正送容量需求的较大值确定。

6.3.4 对于分布式电源较多的区域，应同时进行电力平衡和电量平衡计算，以分析规划方案的财务可行性。

【释义】

本条引自 DL/T 5729《配电网规划设计技术导则》，分布式电源高比例接入后，会对配电网电力平衡产生较大影响，此外光伏、风电等间歇性电源的发电利用小时数在不同地区差异较大，因此应通过电力电量平衡综合计算来支撑配电网规划方案的财务可行性分析。分布式电源接入后，一方面将影响该区域的售电量，且当分布式电源未实现就地消纳存在上网电量时，可能需要电网公司承担（或垫付）补贴费用；另一方面，分布式电源接入将增加电网建设与改造成本，保障清洁能源消纳要求电网配备更多调节资源，因此对于分布式电源较多的区域需要开展规划方案的财务可行性分析。

6.3.5 应考虑需求响应、储能设施、电动汽车充换电设施等灵活性资源的影响，根据其资源库规模、尖峰负荷持续时间等情况，确定合理的规划计算负荷，作为分电压等级电力平衡的主要依据。

【释义】

随着智能电网发展，电网可调度的灵活资源增加，规划的裕度可适当下降。规划计算负荷的确定应充分考虑灵活性资源的影响，在考虑尖峰负荷持续时间的基础上，根据区域电力市场政策机制、市场环境等因素，分析灵活性资源参与的意愿和积极性，确定合理的规划计算负荷，作为分电压等级电力平衡的主要依据。

需要注意的是，在开展电力平衡时，如果按照规划计算负荷来进行计算，实际上已经通过确定规划计算负荷与最大负荷的比例关系近似考虑了灵活性资源的影响，不需要再减去储能、需求侧响应等灵活性资源的出力。若能得到更为精准的灵活性资源出力预测值，在电力平衡时可以在原有网供负荷的基础上直接扣除相应的灵活性资源总出力，得到考虑灵活性资源后的网供负荷，这里不需要使用规划计算负荷而是直接使用最大负荷进行计算。

以 110 kV 高压配电网为例，考虑尖峰负荷持续时间，按照最大负荷的 95%计算，则 110 kV 网供负荷用式（6-12）或式（6-13）计算：

110 kV 网供负荷=全社会用电负荷×95%–地方公用电厂厂用电

–自发自用负荷（含孤网）–110（66）kV 及

以上电网直供负荷–220 kV 直降 35 kV 负荷

–220 kV 直降 10 kV 负荷–35 kV 及以下参与

电力平衡发电负荷　　　　　　（6-12）

110 kV 网供负荷=全社会用电负荷–地方公用电厂厂用电

–自发自用负荷（含孤网）–110（66）kV 及

以上电网直供负荷–220 kV 直降 35 kV 负荷

–220 kV 直降 10 kV 负荷–35 kV 及以下参与

电力平衡发电负荷–35 kV 及以下参与电力

平衡的灵活性资源出力　　　　（6-13）

7 主要技术原则

【释义】

本章规定了配电网规划中主要的技术原则,包括电压序列的选择、供电安全准则和量化水平要求、供电能力主要指标(容载比)的分析范围和数值选择、供电质量的规划目标和技术要求,以及短路电流水平、中性点接地方式、无功补偿、继电保护及自动装置的相关要求。

7.1 电压序列

7.1.1 配电网电压等级的选择应符合 GB/T 156 的规定。

【释义】

GB/T 156《标准电压》采用 IEC 60038:2009《IEC 标准电压》,规定了我国标准电压,本《导则》遵循 GB/T 156《标准电压》的相关规定。

GB/T 156《标准电压》中规定低压交流系统的标准电压有 220/380 V、380/660 V、1000(1140)V,其中 1140 V 仅限于某些应用领域的系统使用,如煤矿井下综合机械化采掘工作面等,目前国内低压配电网电压等级普遍选择 220/380 V。

中压交流系统的标准电压有 3(3.3)kV、6 kV、10 kV、20 kV,其中 GB/T 156《标准电压》明确规定 3(3.3)kV、6 kV 不得用于公共配电系统,目前国内中压配电网电压等级普遍选择 10 kV,仅在部分地区小范围试点选择 20 kV,因而在 7.1.3 电压序列中不考虑 20 kV 电压等级。

高压交流系统(不包括输电系统)的标准电压有 35 kV、66 kV、110 kV,目前除东北地区外的城市化地区高压配电网电压等级普遍选择 110 kV,东北地区高压配电网电压等级因历史原因选择 66 kV,

部分城市（如上海、天津、青岛等）曾选择 35 kV 并沿用至今；考虑长距离供电时控制电压偏移、便于中小型水电等电源接入等因素，目前 35 kV 电压等级主要应用在乡村地区和山区。

本《导则》针对交流配电网，由于直流配电网正处于理论研究、示范建设阶段，暂不涉及。

7.1.2 配电网应优化配置电压序列，简化变压层次，避免重复降压。

【释义】

国内外电网发展的历史过程表明，电压序列的选择受到诸多内外部因素的影响和制约，其中负荷需求的增长是最直接的推动力，其次是设备制造水平、可供利用的变电站和通道资源、政府政策支持等。合理的电压序列配置方式，不仅可以提高电网的整体供电能力，提升电网对不同负荷性质、负荷密度的适应性，而且可以降低电网的综合损耗，节约有限的站点资源和线路走廊资源，减少电网的建设费用和运行费用。因此，电压序列优化配置问题是关系到电网能否可持续发展，能否满足社会经济发展需要的战略性问题。

通过多年建设与改造，国内电压序列已逐步走向标准化、规范化。但随着负荷发展，部分区域电压序列存在优化空间，如 220（330）/110/35/10/0.38 kV 电压序列，该电压序列在配电网发展过程中为解决大范围、低负荷密度地区 10 kV 线路供电距离过长问题提供了有效手段，但由于 110 kV 和 35 kV 电压级差较小，客观上也造成了两级电压供电范围重叠较多、变电设施容量重复、电网损耗较大等问题。

本条提出了 110 kV 及以下电网电压序列的选择原则，110 kV 及以下各电压序列电网应根据现有实际情况和远景发展慎重研究后确定，应尽量简化变压层次、优化配置电压序列，避免重复降压。

7.1.3 配电网主要电压序列如下：

a）110/10/0.38 kV；

b）66/10/0.38 kV；

c）35/10/0.38 kV；

d）110/35/10/0.38 kV；

e）35/0.38 kV。

【释义】

配电网电压序列应根据现有情况和远景发展目标进行确定，结合国内城乡远景配电网规划的实际情况，推荐了适用的主要电压序列。

a）、b）电压序列中，局部 10 kV 由 220 kV 直降；c）电压序列中，35 kV 由 220 kV 直降；d）电压序列中，高压配电网存在重复降压，应限定使用范围；e）电压序列为 35 kV 配电化供电方式。

7.1.4 配电网电压序列选择应与输电网电压等级相匹配，市（县）以上规划区域的城市电网、负荷密度较高的县城电网可选择 a）或 b）或 c）电压等级序列，乡村地区可增加 d）电压等级序列，偏远地区经技术经济比较也可采用 e）电压等级序列。

【释义】

除东北地区外，城市建设区域内（即国土空间规划中城市开发边界内）宜采用 a）电压等级序列，东北地区宜采用 b）电压等级序列。已选择并保留 35 kV 电压等级的城市区域，可采用 c）电压等级序列。乡村区域配电网电压等级序列可参照城市建设区域，如存在长距离供电或存在大量中小型水电等电源接入时，经技术经济论证后可采用 d）电压等级序列。

对于 E 类供电区域中的偏远地区，经论证可采用 35/0.38 kV 电压序列。对于负荷较为集中的工业及商业区域，经论证也可采用 35 kV 电压等级为大容量用户供电，优先鼓励采用 220 kV 直降 35 kV，不具备条件时也可采用 110/35 kV。

7.1.5 中压配电网中 10 kV 与 20 kV、6 kV 电压等级的供电范围不

62

得交叉重叠。

【释义】

原则上 6 kV 不作为公用配电网的供电电压等级，20 kV 不作为推荐供电电压等级，经审批的目前已建或已规划的 20 kV、6 kV 电压等级区域范围可予以保留。为明确并控制 20 kV、6 kV 电压等级区域范围，中压配电网中 10 kV 与 20 kV、6 kV 的供电范围不得交叉重叠。

7.2 供电安全准则

7.2.1 A+、A、B、C 类供电区域高压配电网及中压主干线应满足"N-1"原则，A+类供电区域按照供电可靠性的需求，可选择性满足"N-1-1"原则。"N-1"停运后的配电网供电安全水平应符合 DL/T 256 的要求，"N-1-1"停运后的配电网供电安全水平可因地制宜制定。配电网供电安全标准的一般原则为：接入的负荷规模越大、停电损失越大，其供电可靠性要求越高、恢复供电时间要求越短。根据组负荷规模的大小，配电网的供电安全水平可分为三级，如表 2 所示。各级供电安全水平要求如下：

a）第一级供电安全水平要求：

1）对于停电范围不大于 2 MW 的组负荷，允许故障修复后恢复供电，恢复供电的时间与故障修复时间相同。

2）该级停电故障主要涉及低压线路故障、配电变压器故障，或采用特殊安保设计（如分段及联络开关均采用断路器，且全线采用纵差保护等）的中压线段故障。停电范围仅限于低压线路、配电变压器故障所影响的负荷或特殊安保设计的中压线段，中压线路的其他线段不允许停电。

3）该级标准要求单台配电变压器所带的负荷不宜超过 2 MW，或采用特殊安保设计的中压分段上的负荷不宜超过 2 MW。

b）第二级供电安全水平要求：

1）对于停电范围在 2 MW～12 MW 的组负荷，其中不小于组负荷减 2 MW 的负荷应在 3 h 内恢复供电；余下的负荷允许故障修复后恢复供电，恢复供电时间与故障修复时间相同。

2）该级停电故障主要涉及中压线路故障，停电范围仅限于故障线路所供负荷，A+类供电区域故障线路的非故障段应在 5 min 内恢复供电，A 类供电区域故障线路的非故障段应在 15 min 内恢复供电，B、C 类供电区域故障线路的非故障段应在 3 h 内恢复供电，故障段所供负荷应小于 2 MW，可在故障修复后恢复供电。

3）该级标准要求中压线路应合理分段，每段上的负荷不宜超过 2 MW，且线路之间应建立适当的联络。

c）第三级供电安全水平要求：

1）对于停电范围在 12 MW～180 MW 的组负荷，其中不小于组负荷减 12 MW 的负荷或者不小于 2/3 的组负荷（两者取小值）应在 15 min 内恢复供电，余下的负荷应在 3 h 内恢复供电。

2）该级停电故障主要涉及变电站的高压进线或主变压器，停电范围仅限于故障变电站所供负荷，其中大部分负荷应在 15 min 内恢复供电，其他负荷应在 3 h 内恢复供电。

3）A+、A 类供电区域故障变电站所供负荷应在 15 min 内恢复供电；B、C 类供电区域故障变电站所供负荷，其大部分负荷（不小于 2/3）应在 15 min 内恢复供电，其余负荷应在 3 h 内恢复供电。

4）该级标准要求变电站的中压线路之间宜建立站间联络，变电站主变压器及高压线路可按"$N\text{-}1$"原则配置。

表 2   配电网的供电安全水平

供电安全等级	组负荷范围 MW	对应范围	"$N\text{-}1$"停运后停电范围及恢复供电时间要求
第一级	≤2	低压线路、配电变压器	维修完成后恢复对组负荷的供电
第二级	2～12	中压线路	a）3 h 内：恢复（组负荷−2 MW）。 b）维修完成后：恢复对组负荷的供电

续表

供电安全等级	组负荷范围 MW	对应范围	"N-1"停运后停电范围及恢复供电时间要求
第三级	12～180	变电站	a）15 min 内：恢复不小于组负荷−12 MW 的负荷，或者不小于 2/3 的组负荷（两者取小值）"。 b）3 h 内：恢复对组负荷的供电

【释义】

明确了供电安全的基本准则和供电安全水平中故障停电范围、故障恢复时间、恢复负荷范围的量化要求。

（1）供电安全的基本准则。

1）高压配电网。在原《导则》基础上，明确了 A+、A、B、C 类供电区域高压配电网应满足 N-1 原则。满足 N-1 原则指高压配电网发生 N-1 停运时，电网应保持稳定运行和正常供电，其他元件不应超过事故过负荷的规定，不损失负荷（即在规定时间内恢复变电站所供下级负荷的供电），电压和频率均在允许的范围内，高压配电网满足 N-1 原则，包括通过下级电网转供不损失负荷的情况。D 类供电区域宜满足 N-1 原则，E 类供电区域不做强制要求。在"N-1"校核时，可选择设备出现最高负荷时刻或供电分区出现最高负荷时刻开展分析。

对于 A+类供电区域中供电可靠性要求较高的地区，可选择性满足 N-1-1 原则，具体供电安全水平（即故障停电范围、故障恢复时间、恢复负荷范围等）可依据当地电网的设备配置、互联水平、自动化水平等实际条件和规划目标具体制定。在"N-1-1"校核时，可选择供电分区计划检修期间（一般选择春秋季）出现最高负荷时刻开展分析。

2）中压配电网。在原《导则》基础上，明确了 A+、A、B、C 类供电区域中压主干线应满足 N-1"则，中压分支线路不做要求。满足 N-1 原则指中压主干线发生 N-1 停运时，非故障段应通过继电保护、自动装置、自动化手段或现场人工倒闸恢复供电，故障段在故障修复后恢复供电。D 类供电区域中压主干线可满足 N-1 原则，E 类供电区域中压主干线不做强制要求。

3）低压配电网。低压配电网不要求满足 N-1 原则，当一台配电变压器或低压线路发生故障时，应在故障修复后恢复供电，但停电范围仅限配电变压器或低压线路故障所影响的负荷。

（2）三级供电安全水平。

DL/T 5729《配电网规划设计技术导则》中对 N-1 安全准则提出了定性要求，较好地指导了配电网规划。但由于缺乏充足的运行数据和完整的经济性评价体系，未能将供电安全性评价范围和指标具体量化，既未具体规定停运后供电的恢复时间和恢复容量，也未进行风险分析和成本效益研究，难以适应配电网精益化发展要求。

本条依据 DL/T 256《城市电网供电安全标准》，进一步提出了配电网三级供电安全标准所对应的停电范围、故障范围、恢复供电负荷的范围和时间。各地可根据规划目标、电网结构、设备选型、对外服务承诺等情况细化组负荷范围及 N-1 停运后恢复供电时间要求。

1）故障类型。配电网的开环或辐射式运行结构与输电网的闭环运行结构不同，当发生故障停运时，电网在未进行负荷转移操作前会损失部分负荷。对于 110 kV 及以下电网，一般只考虑单一故障，不考虑检修条件下再发生故障的情况（即 N-1-1 停运）。故障类型主要包括低压线路故障、配电变压器故障，或采用特殊安保设计（如分段及联络开关均采用断路器，且全线采用纵差保护等）的中压线路故障、变电站的高压进线或主变压器故障等。

2）恢复供电负荷范围的分析。本《导则》在大量工程实践和理论计算分析的基础上，设定故障段损失负荷不宜超过 2 MW，即中压配电线路每个分段或配电变压器的最大负荷不宜超过 2 MW，详细的计算分析过程如下：

以目前公用配电网中常用的导线截面面积为 240 mm² 的 10 kV 架空线路（钢芯铝绞线以及铝芯或铜芯架空绝缘线），导线截面面积为 300 mm² 和 400 mm² 的电缆线路（铜芯）为例，根据线路传输容量的计算公式，进行 10 kV 馈线热稳定极限负荷的计算，得到表 7-1。

表7-1

10 kV 馈线的传输功率分析

导线类型	导线材料	导线截面面积（mm²）	热稳定极限电流（A）	热稳定极限传输容量（MVA）	功率因数	热稳定极限负荷（MW）	线路负载率（%）	线路负荷（MW）	10 kV 出线分段数	每段负荷（MW）
架空裸导线（LGJ）	铝芯	240	610	10.57	0.95	10.04	50%	5.02	3	1.67
架空绝缘线（JKLYJ、JKLHYJ）	铝芯	240	500	8.66	0.95	8.23	50%	4.11	3	1.37
架空绝缘线（JKYJ）	铜芯	240	630	10.91	0.95	10.37	50%	5.18	3	1.73
电缆	铜芯	300	535	9.27	0.95	8.80	50%	4.40	5	0.88
电缆	铜芯	400	615	10.65	0.95	10.12	50%	5.06	5	1.01

注：以上为理论计算结果，具体需结合线路敷设方式、环境温度、工作温度、联络点及分段数量等确定。

由表 7-1 可知，若要满足第一级供电安全水平要求，中压配电线路每段负荷不超过 2 MW。

3）恢复时间设定的分析。本《导则》在大量调研、工程实践和分析的基础上，设定了故障恢复时间要求，分析过程如下：

a）15 min 内：有人值班变电站完成手动操作平均所需时间或馈线自动化完成远程操作所需时间，因此要求 A+、A 类供电区域全部实现馈线自动化并配置"三遥"。

b）3 h 内：依据国家电网公司供电服务"十项承诺"，供电抢修人员到达现场的时间一般不超过：城区范围 45 min、农村地区 90 min、特殊边远地区 2 h，再加上现场手动操作的时间，人工到现场完成手动操作平均所需时间一般不超过 3 h。

7.2.2 为了满足上述三级供电安全标准,配电网规划应从电网结构、设备安全裕度、配电自动化等方面综合考虑，为配电运维抢修缩短故障响应和抢修时间奠定基础。

【释义】

满足三级供电安全标准的方式是多种多样的,包括从电网结构、设备安全裕度、配电自动化等方面考虑,并非单纯依靠电网冗余建设的方式,还可充分调动源网荷储多层面灵活性资源。

7.2.3 B、C 类供电区域的建设初期及过渡期，以及 D、E 类供电区域，高压配电网存在单线单变，中压配电网尚未建立相应联络，暂不具备故障负荷转移条件时，可适当放宽标准，但应结合配电运维抢修能力，达到对外公开承诺要求。其后应根据负荷增长，通过建设与改造，逐步满足上述三级供电安全标准。

【释义】

三级供电安全标准对 A+~C 类供电区域做了明确的规定，对 D、E 类供电区域需要提升供电安全水平时提供参考，以及对处于

建设初期及过渡期的 B、C 类供电区域在短期内无法实现三级供电
安全水平时，放宽了要求。

7.3　供电能力

7.3.1　容载比是 110 kV～35 kV 电网规划中衡量供电能力的重要宏
观性指标。合理的容载比与网架结构相结合，可确保故障时负荷的
有序转移，保障供电可靠性，满足负荷增长需求。

【释义】

容载比是反映电网宏观供电能力的重要指标之一，容载比过
大，电网建设过于超前，将影响效率效益；容载比过小，电网建设
过于滞后，供电能力受限，将使电网适应性变差。

7.3.2　容载比的确定要考虑负荷分散系数、平均功率因数、变压器
负载率、储备系数、负荷增长率、负荷转移能力等因素的影响。在
配电网规划设计中，一般可采用式（1）估算：

$$R_\mathrm{S} = \frac{\sum S_{ei}}{P_\mathrm{max}} \qquad (1)$$

式中：R_S——容载比，MVA/MW；

$\quad\quad P_\mathrm{max}$——规划区域该电压等级的年网供最大负荷；

$\quad\quad \sum S_{ei}$——规划区域该电压等级公用变电站主变压器容量之和。

【释义】

明确了容载比的影响因素和计算要求。负荷分散系数反映了主
变压器及变电站之间的负荷特性差异程度，负荷分散系数高的区域，
需要更多的主变压器容量满足最底层负荷的供电要求，容载比取值
可适度高一些；负荷增长率高、储备系数高的区域，需要更多的容
量储备满足未来发展，容载比取值可适度高一些；平均功率因数高
的区域，设备承载负荷能力相对更强，容载比取值可适度低一些；
主变压器负载率的上限与变电站内主变压器台数及容量配置、主变

压器过载能力有关，上限高的区域，设备承载负荷能力相对更强，容载比取值可适度低一些；中压线路之间联络尤其是站间联络强的区域，在主变压器故障或检修时，其负荷可通过中压侧转移至其他变电站（负荷转移能力强），容载比取值可适度低一些。在计算各电压等级容载比时，变电设备总容量不含该电压等级发电厂的升压变压器容量和该电压等级用户专用变电站的变压器容量，对应的总负荷为该电压等级的网供负荷。

7.3.3 容载比计算应以行政区县或供电分区作为最小统计分析范围；对于负荷发展水平极度不平衡、负荷特性差异较大（供电分区最大负荷出现在不同季节）的地区，宜按供电分区计算统计。容载比不宜用于单一变电站、电源汇集外送分析。

【释义】

容载比是反映电网宏观供电能力的重要指标，不宜用于单一变电站、电源汇集外送分析。随着电网持续发展，其规模不断增加，地市之间、县（区）之间通过 110 kV～35 kV 电网进行负荷转移的情况已越来越少，因此应以行政区县或供电分区作为最小统计分析范围。对于省市级 110 kV～35 kV 电网容载比，可通过下级容载比加权计算，权重可采用变电容量、最大负荷或者电量等指标。

7.3.4 根据行政区县或供电分区经济增长和社会发展的不同阶段，对应的配电网负荷增长速度可分为饱和、较慢、中等、较快四种情况，容载比总体宜控制在 1.5～2.0。不同发展阶段的 110 kV～35 kV 电网容载比选择范围如表 3 所示，并符合下列规定：

a）对处于负荷发展初期或负荷快速发展阶段的规划区域、需满足"N-1-1"安全准则的规划区域以及负荷分散程度较高的规划区域，可取容载比建议值上限。

b）对于变电站内主变压器台数配置较多、中压配电网转移能力较强的区域，可取容载比建议值下限；反之，可取容载比建议值上限。

表3　　　行政区县或供电分区 110 kV～35 kV 电网
容载比选择范围

负荷增长情况	饱和期	较慢增长	中等增长	较快增长
年负荷平均增长率 K_P %	$K_P \leqslant 2$	$2 < K_P \leqslant 4$	$4 < K_P \leqslant 7$	$K_P > 7$
110 kV～35 kV 电网容载比（建议值）	1.5～1.7	1.6～1.8	1.7～1.9	1.8～2.0

【释义】

明确行政区县或供电分区 110 kV～35 kV 电网容载比的选取范围，其中 K_P 为规划区域该电压等级的年网供最大负荷平均增长率。容载比为我国特有指标，其发展过程、适应性及调整如下：

（1）容载比概念的提出及发展。

1）第一阶段：1985 年《城市电力网规划设计导则》（试行）。由原城乡建设部与原水利电力部于 1985 年联合颁发，首次提出容载比的基本概念、计算方法和取值范围，指"城网内同一电压等级的主变压器总容量（kVA）与对应的供电总负荷（kW）之比，计算时应将地区发电厂的主变压器容量及其所供负荷、用户专用变电所的主变压器容量及其所供负荷分别扣除"，一般 220 kV 变电所可取 1.8～2.0，35 kV～110 kV 变电所可取 2.2～2.5。

$$R_S = \frac{K_1 K_4}{K_2 K_3} \tag{7-1}$$

式中：R_S ——容载比；

　　　K_1 ——负荷分散系数（变压器最大负荷之和/网供最大值）；

　　　K_2 ——功率因数；

　　　K_3 ——主变压器经济负荷率；

　　　K_4 ——储备系数（与负荷增速、变电站建设周期相关）。

2）第二阶段：1993 年《城市电力网规划设计导则》

《城市电力网规划设计导则》（能源电〔1993〕228 号）对容载比进行了修正，一是将定义调整为"变电容载比是城网变电容量（kVA）在满足供电可靠性基础上与对应的负荷（kW）之比值"；二是将主变压器经济负荷率调整为变压器运行率，强调容载比的计算应综合考虑电网的供电可靠性和经济性；三是基于各单位实际情况和使用效果，对容载比建议值进行了修正，220 kV 电网可取 1.6~1.9，35 kV~110 kV 电网可取 1.8~2.1。

3）第三阶段：2006 年《城市电力网规划设计导则》。Q/GDW 156《城市电力网规划设计导则》进一步明确了容载比的工程实用化计算方法，明确负荷为该电压等级的全网最大预测负荷（见表 7-2）。此外，按照负荷增长速度提出了差异化的容载比取值范围。

$$R_S = \frac{\sum S_{ei}}{P_{\max}} \tag{7-2}$$

式中： R_S ——容载比；

$P_{\max}$ ——全网最大预测负荷；

$\sum S_{ei}$ ——变电站 i 的主变压器容量。

表 7-2　　　　　　　35 kV~110 kV 电网容载比选择范围

城网负荷增长情况	较慢增长	中等增长	较快增长
年负荷平均增长率（建议值）	小于 7%	7%~12%	大于 12%
35 kV~110 kV	1.8~2.0	1.9~2.1	2.0~2.2

（2）适应性分析。

容载比是配电网规划时宏观控制变电总容量，满足电力平衡，合理安排变电站布点和变电容量的重要依据。从实际使用效果来看，容载比指标在规范我国电网规划建设、确保投资经济性等方面发挥了巨大的作用，但随着形势的发展也存在着不适应之处。容载比取值范围自从 Q/GDW 156《城市电力网规划设计导则》以来一直未变，而电网的内外部环境均发生了变化，特别是负荷增速的回落、网架结构（转移能力）的增强，以及当前配电网利用率较低的现实情况，有必要对容载比取值范围进一步调整。

（3）容载比调整。

负荷增速分级方面，选取国家电网有限公司 27 家省公司 A+、A、B、C、D、E 类供电分区"十四五"负荷增长率为样本数据，涉及 15076 个分区，采用 K-均值聚类法（hierarchical clustering）进行数据分析，样本数据的聚类中心分别为 6.92%、3.71%，由此建议将平均负荷增长率分类边界由 12%、7% 调整为 7%、4%。

依据容载比计算经典公式，负荷分散系数（K_1）与负荷特性相关；功率因数（K_2）有考核要求，一般均在 0.95 及以上；中压网架及配电自动化水平的提升强化了对主变压器的支撑能力，变压器负载率（K_3）可适当提高；负荷增速回落导致储备系数（K_4）下调，具体基于调整前后负荷增速计算得出，据此更新容载比取值范围。具体计算过程见表 7-3。

表 7-3   容载比取值计算过程

前后对比	负荷增长情况	较慢增长	中等增长	较快增长
调整前	年负荷平均增长率 K_P	$K_P \leq 7\%$	$7\% < K_P \leq 12\%$	$K_P > 12\%$
	110 kV～35 kV 容载比	1.8～2.0	1.9～2.1	2.0～2.2
调整后	年负荷平均增长率 K_P	$K_P \leq 4\%$	$4\% < K_P \leq 7\%$	$K_P > 7\%$
	K_4 储备系数下降幅度（%）	7.13%	7.13%	7.13%
	K_3 运行率上升幅度（%）	4.76%	4.76%	4.76%
	110 kV～35 kV 容载比调整计算结果	1.60～1.77	1.68～1.86	1.77～1.95
	110 kV～35 kV 容载比取值	1.6～1.8	1.7～1.9	1.8～2.0

7.3.5 对于省级、地市级 110 kV～35 kV 电网容载比，还应充分考虑各行政区县（供电分区）之间的负荷特性差异，确定负荷分散系

数,合理选取控制范围。

【释义】

省级、地市级 110 kV～35 kV 电网容载比合理范围的确定,还需要考虑下一级行政区县(供电分区)之间的负荷特性差异:负荷分散系数越高的,其容载比取值可适度提高;负荷分散系数越低的,其容载比取值可适度降低。

7.4 供电质量

7.4.1 供电质量主要包括供电可靠性和电能质量两个方面,配电网规划重点考虑供电可靠率和综合电压合格率两项指标。

【释义】

供电质量指提供合格、可靠电能的能力和程度,《中华人民共和国电力法》第二十八条规定"供电企业应当保证供给用户的供电质量符合国家标准",在《供电营业规则》和《国家电网公司供电服务质量标准》中对供电质量规定了具体的技术要求,一般包括供电可靠性和电能质量两个方面,电能质量包含供电频率、电压偏差、三相电压不平衡、公网谐波、电压波动和闪变。考虑配电网规划时侧重提高供电可靠性、解决低电压问题,兼顾规划电网电气计算的可行性,明确配电网供电质量重点考虑供电可靠率和综合电压合格率两项指标。

与原《导则》的变化:鉴于供电质量作为供电企业电网运行管理和政府供电监管的重要技术原则内容,本《导则》新增供电质量独立章节,合并原《导则》中涉及供电可靠性和电能质量的内容,包括原《导则》中 5.2、7.5.7、7.6,并在此基础上开展具体内容的修订。

7.4.2 供电可靠性指标主要包括系统平均停电时间、系统平均停电频率等,宜在成熟地区逐步推广以终端用户为单位的供电可靠性统计。

【释义】

根据 DL/T 836.1《供电系统供电可靠性评价规程 第 1 部分:通

用要求》，供电可靠性有 6 项主要指标：系统平均停电时间（SAIDI-1）、平均供电可靠率（ASAI-1）、系统平均停电频率（SAIFI-1）、系统平均短时停电频率（MAIFI）、平均系统等效停电时间（ASIDI）、平均系统等效停电频率（ASIFI）。一般在配电网规划中将平均供电可靠率 ASAI-1 指标作为供电可靠性评价分析的核心指标，平均供电可靠率 ASAI-1 指在统计期间内，对用户有效供电时间小时数与统计期间小时数的比值（%），计算公式如下：

$$平均供电可靠率（ASAI-1）=\left(1-\frac{系统平均停电时间}{统计期间时间}\right)\times100\% \quad （7\text{-}3）$$

目前国内供电可靠性统计分析以高压用户统计单位和中压用户统计单位作为对象，对于低压用户以 10 kV 供电系统中的公用配电变压器作为用户统计单位，即一台公用配电变压器作为一个中压用户统计单位，相应供电可靠性评价分析按 DL/T 836.2《供电系统供电可靠性评价规程 第 2 部分：高中压用户》执行。随着电网智能化的进一步发展，对于具备条件的地区，供电可靠性统计口径宜逐步延伸至终端用户（即延伸至低压用户），与国际供电可靠性统计口径惯例接轨，此时低压用户供电可靠性评价分析按 DL/T 836.3《供电系统供电可靠性评价规程 第 3 部分：低压用户》执行。

7.4.3 配电网规划应分析供电可靠性远期目标和现状指标的差距，提出改善供电可靠性指标的投资需求，并进行电网投资与改善供电可靠性指标之间的灵敏度分析，提出供电可靠性近期目标。

【释义】

提高供电可靠性可从网架结构、装备水平、自动化技术及运行管理等多方面入手，但由于不同地区配电网发展水平、发展阶段各有差异，且不同手段对供电可靠性提升的投资成效灵敏度也有所不同，因此应通过技术经济分析选择合适的措施和方案，平衡供电可靠性与电网投资及效益，以实现配电网投资的经济高效。

各地宜参照历史年供电可靠性指标，对减小单位停电时间的供电可靠性投资进行测算，在此基础上确定辖区内各类供电区域的近期供电可靠性目标。

7.4.4 配电网规划要保证网络中各节点满足电压损失及其分配要求，各类用户受电电压质量执行 GB/T 12325 的规定：

a）110 kV～35 kV 供电电压正负偏差的绝对值之和不超过标称电压的 10%；

b）10 kV 及以下三相供电电压允许偏差为标称电压的±7%；

c）220 V 单相供电电压允许偏差为标称电压的+7%与−10%；

d）对供电点短路容量较小、供电距离较长以及对供电电压偏差有特殊要求的用户，由供、用电双方协议确定。

【释义】

供电电压偏差的限制值取自 GB/T 12325《电能质量 供电电压偏差》，电压偏差计算公式如下：

$$电压偏差(\%) = \frac{电压测量值 - 系统标称电压}{系统标称电压} \times 100\% \qquad (7\text{-}4)$$

与原《导则》的变化：将原文中的"额定电压"依据 GB/T 12325《电能质量 供电电压偏差》调整为"标称电压"。

在 GB/T 156《标准电压》中定义了"标称电压"指用以标示或识别系统的给定值，即"标称电压"是系统的标准电压值，用于公用配电交流系统的标称电压有 220/380 V、10 kV、20 kV、35 kV、66 kV、110 kV 等。"设备额定电压"是由制造商对某一电气设备在规定的工作条件下所规定的电压，即额定电压不是固定标准值。

供电电压偏差评价对提高电能质量水平、保障配电网的安全稳定与经济运行、合理选择减小电压偏移措施具有重要意义，主要指标有监测点电压合格率、各类电压合格率和综合电压合格率。依据监测点的电压限值，通过供电电压偏差的累计时间进行统计计算可获得监测点电压合格率，供电电压偏差监测统计的时间单位为分钟（min），通常每次以月（或周、季、年）的时间为电压监测的总时间，供电电压偏差超上限和超下限的时间累计之和为电压超限时间，监测点电压合格率的计算公式如下：

$$\gamma_i(\%) = \left(1 - \frac{T_{ui} + T_{di}}{T_i}\right) \times 100\% \qquad (7\text{-}5)$$

式中：i ——监测点的编号；

γ_i ——第 i 个监测点的电压合格率；

T_{ui} ——电压超上限时间累积之和，min；

T_{di} ——电压超下限时间累积之和，min；

T_i ——电压监测的总时间，min。

电网电压监测点分为 A、B、C、D 类。A 类为带地区供电负荷的变电站和发电厂的 20 kV、10（6）kV 母线电压；B 类为 20 kV、35 kV、66 kV 专线供电的和 110 kV 及以上供电电压；C 类为 20 kV、35 kV、66 kV 非专线供电的和 10（6）kV 供电电压；D 类为 380/220 V 低压网络供电电压。

分类监测点的电压合格率为该分类的所有监测点电压合格率的平均值，分别为 γ_A、γ_B、γ_C、γ_D。基于各类电压合格率，可计算得到综合电压合格率 γ_T，计算公式如下：

$$\gamma_T = 0.5\gamma_A + 0.5\left(\frac{\gamma_B + \gamma_C + \gamma_D}{3}\right) \qquad (7\text{-}6)$$

如监测点没有 B 类，则计算公式中的 3 变为 2。

7.4.5 电压偏差的监测是评价配电网电压质量的重要手段，应在配电网以及各电压等级用户设置足够数量且具有代表性的电压监测点，配电网电压监测点设置应执行国家监管机构的相关规定。

【释义】

提出了电压偏差监测的作用和监测点设置的基本要求，各类供电电压监测点设置应符合 DL/T 1208《电能质量评估技术导则 供电电压偏差》的规定，具体要求如下：

A 类：变电站内两台及以上变压器分列运行，每段母线均设置监测点；对于线变-变压器（简称现变组）组接线的变电站，如每台主变压器高压侧配置电压互感器，电压互感器均设置监测点；一台变压器低压侧为分列母线运行，只需在一段母线设置监测点。

B 类：20 kV、35 kV、66 kV 专线供电的宜设置在产权分界处，110 kV 及以上非专线供电的应设置在用户变电站侧；对于两路电源供电的 35 kV 及以上用户变电站，用户变电站母线未分列运行，只需设一个电压监测点；用户变电站母线分列运行，且两路供电电源为不同变电站的应设置两个电压监测点；用户变电站母线分列运行，两路供电电源为同一变电站供电，且上级变电站母线未分列运行，只需设一个电压监测点：用户变电站母线分列运行，双电源为同一变电站供电，且上级变电站母线分列运行，应设置两个电压监测点；用户变电站主变压器高压侧无电压互感器，电压监测点设置在给用户变电站供电的上级变电站母线侧。

C 类：每 10 MW 负荷至少应设一个电压监测点，电压监测点应安装在用户侧；C 类负荷计算方法为：C 类用户年度售电量/统计小时数；应选择主变压器高压侧有电压互感器的用户，不考虑设在用户变电站低压侧。

D 类：每百台公用配电变压器至少设两个电压监测点，不足百台的按百台计算，超过百台的每 50 台设 1 个电压监测点。监测点应设在有代表性的低压配电网首末两端和部分重要用户附近。

7.4.6 配电网应有足够的电压调节能力，将电压维持在规定范围内，主要有下列电压调整方式：

a）通过配置无功补偿装置进行电压调节；

b）选用有载或无载调压变压器，通过改变分接头进行电压调节；

c) 通过线路调压器进行电压调节。

【释义】

提出了配电网电压调节要求和电压调整方式，各电压调整方式的具体措施如下：

（1）通过配置无功补偿装置进行电压调节。

根据电压损耗近似计算公式，$\Delta U = (PR+QX)/U$（P 为有功功率，R 为线路电阻，Q 为无功功率，X 为线路电抗，U 为额定电压），当线路中存在无功传输时，电压损耗会增大。在线路参数和有功需求确定的情况下，应尽量通过无功补偿装置减少线路中的无功传输。

1）提升变电站无功补偿能力。根据无功需求和无功优化补偿模式，开展电网无功优化补偿建设；根据负荷特点优化变电站电容器的容量配置和分组：对于电容器组，一般不应少于两组，对于集合式电容器，可配置两台不同容量电容器，实现多种组合方式；有条件的地区，可采用动态平滑调节无功补偿装置。

2）提升用户侧无功补偿能力。对功率因数不达标的 100 kVA 及以上专用变压器用户，应在用户侧配置无功补偿装置；对于近期不安装无功补偿装置的用户，可以考虑在计量点前加装无功补偿装置的方法进行改造，减少线路无功传输；对低压用户 5 kW 以上电动机开展随器无功补偿，减少低压线路无功传输功率。

3）提升公用配电变压器无功集中补偿能力。在 100 kVA 及以上公用配电变压器低压侧，安装无功自动跟踪补偿装置；对无功需求大、低压侧首端电压低的 80 kVA 及以下配电变压器，安装无功自动跟踪补偿装置；根据农村负荷波动特点，优化公用配电变压器电容器容量组合，提高电容器投入率。

4）提升 10 kV 线路无功补偿能力。在采取多项治理措施后，功率因数仍低于 0.85 的 10 kV 线路，可安装线路分散无功自动跟踪补偿装置。

（2）选用有载或无载调压变压器，通过改变分接头进行电压调节。

变压器为变压装置，通过采用调压变压器并改变分接头，可以改变变压器的变比，从而实现电压调节。

1）提升变电站调压能力。新建变电站原则上全部采用有载调压变压器；对运行时限超过 15 年的无载调压，可结合电网建设改造逐步更换为有载调压；对运行时限低于 15 年的无载调压，可采取不增加分接头的方式改造为有载调压变压器。

2）提升配电变压器调压能力。对接于 10 kV 线路末端的配电变压器，可选用分头定制型配电变压器（如采用分头为 $^{+0}_{-4}$×2.5%、$^{+1}_{-3}$×2.5%）进行改造。

（3）通过线路调压器进行电压调节。

线路调压器为变压装置（类似变压器），通过改变调压器两侧电压变比，从而实现电压调节。

1）提升 10 kV 线路调压能力。对供电距离过长的线路，且规划期内无变电站建设计划，合理供电距离时所带配电变压器数量偏多，所带低压用户长期存在"低电压"现象的 10 kV 线路，可采用加装线路自动调压器的方式进行改造。

2）提升低压线路调压能力。对供电距离过长的线路，3 年内难以实施配电变压器布点，且长期存在"低电压"现象的低压线路，可采用加装线路调压器或户用调压器的方式进行改造。

对于中低压配电网，以上电压调整方式需与配电变压器布点优化相结合，配电变压器布局宜实施"小容量、密布点"，同时在具备电网改造条件时，缩短中低压线路供电距离。

此外，考虑分布式电源电压调节能力有限、新型储能（电化学储能）尚未进入大规模应用阶段，分布式电源和新型储能暂不作为主要调压方式。

7.4.7 配电网近中期规划的供电质量目标应不低于公司承诺标准：城市电网平均供电可靠率应达到 99.9%，居民客户端平均电压合格率应达到 98.5%；农村电网平均供电可靠率应达到 99.8%，居民客户端平均电压合格率应达到 97.5%；特殊边远地区电网平均供电可靠率和居民客户端平均电压合格率应符合国家有关监管要求。各类供电区域达到饱和负荷时的规划目标平均值应满足表 4 中要求。

表 4   各类供电区域饱和期供电质量规划目标

供电区域类型	平均供电可靠率 %	综合电压合格率 %
A+	≥99.999	≥99.99
A	≥99.990	≥99.97
B	≥99.965	≥99.95
C	≥99.863	≥98.79
D	≥99.726	≥97.00
E	不低于向社会承诺的指标	不低于向社会承诺的指标

【释义】

进一步明确了各类供电区域的供电质量规划目标。

（1）为避免将饱和期供电质量规划目标作为近中期电网规划目标，盲目提高供电可靠性和电能质量指标水平，造成配电网超前建设、大幅提升投资规模问题，新增配电网近中期供电质量的规划目标最低要求，即应不低于《国家电网有限公司供电服务"十项承诺"》中的承诺标准。如电网现状供电质量水平已高于承诺标准，可结合当地电网发展情况和国民经济及社会发展的需求，经论证进一步提出辖区内各类供电区域的近中期规划目标。

（2）表 4 中的规划目标对应饱和期规划电网，平均供电可靠率和综合电压合格率目标值取自 DL/T 5729《配电网规划设计技术导则》，其中 A+、A、B、E 类地区目标取值保持不变，C 类地区平均供电可靠率由"≥99.897%"（用户年平均时间不高于 9 h）下调至"≥99.863%"（用户年平均时间不高于 12 h），综合电压合格率由"≥99.70%"下调至"≥98.79%"；D 类地区平均供电可靠率由"≥

99.828%"（用户年平均时间不高于 15 h）下调至"≥99.726%"（用户年平均时间不高于 24 h），综合电压合格率由"≥99.30%"下调至"≥97.00%"。

7.5 短路电流水平及中性点接地方式

7.5.1 配电网规划应从网架结构、电压等级、阻抗选择、运行方式和变压器容量等方面合理控制各电压等级的短路容量，使各电压等级断路器的开断电流与相关设备的动、热稳定电流相配合。变电站内母线正常运行方式下的短路电流水平不应超过表 5 中的对应数值，并符合下列规定：

a）对于主变压器容量较大的 110 kV 变电站（40 MVA 及以上）、35 kV 变电站（20 MVA 及以上），其低压侧可选取表 5 中较高的数值；对于主变压器容量较小的 110 kV～35 kV 变电站，其低压侧可选取表 5 中较低的数值。

b）220 kV 变电站 10 kV 侧无馈出线时，10 kV 母线短路电流限定值可适当放大，但不宜超过 25 kA。

表 5　　　　　　　各电压等级的短路电流限定值

电压等级 kV	短路电流限定值 kA		
	A+、A、B 类供电区域	C 类供电区域	D、E 类供电区域
110	31.5、40	31.5、40	31.5
66	31.5	31.5	31.5
35	31.5	25、31.5	25、31.5
10	20	16、20	16、20

【释义】

明确了短路电流限定值。短路电流水平由上级变压器容量和电压等级等因素决定，然而各类供电区域内的变压器容量选择不同，因而宜分区分电压给出短路电流限定值。在设备选型时，应参照各电压等级的短路电流限定值，并留有裕度，例如短路电流限定值为 20 kA 时，设备一般按照遮断容量 25 kA 的标准来选取。

根据 GB/T 6451《油浸式电力变压器技术参数和要求》，35 kV 容量在 6 MVA ~ 20 MVA 与 20 MVA 及以上主变压器的短路阻抗分别为 8%、10%，110 kV 容量在 40 MVA 以下与 40 MVA 及以上主变压器的短路阻抗分别为 10.5%、12% ~ 18%，不同主变压器容量的短路阻抗造成短路容量的差异，因而在本条 a）项中提出了不同主变压器容量变电站低压侧短路电流限定值的选择。

（1）随着上级变压器容量逐步增大，各类电源接入容量不断增加，短路容量呈现逐渐增大的趋势。目前个别大城市 220 kV 变电站馈出 10 kV 线路，其 10 kV 母线的短路容量已经接近 25 kA，110（66）kV 变电站 10 kV 母线的短路容量已经接近 20 kA。由于母线短路电流水平关系到配电网主要设备的选型，提高短路电流水平将大幅增加配电网建设投资，应设法限制变电站 35 kV、10 kV 母线的短路容量，不能一味被动地提高配电网设备的抗短路能力；同时，配电网涉及大量用户设备，这些设备无法全部做到与电网改造进度或周期相吻合，一味被动提高短路电流水平会增加短路故障情况下用户设备损坏风险。鉴于此，本《导则》中将原《导则》A+、A、B 类地区 10 kV 母线短路电流限定值由"20 kA、25 kA"调整至"20 kA"，C 类地区 10 kV 母线短路电流限定值由"20 kA、25 kA"调整至"20 kA、16 kA"。此外，也与 GB 50613《城市配电网规划设计规范》保持一致。

（2）考虑 220 kV 变电站 10 kV 侧无馈出线时 10 kV 侧阻抗较低，10 kV 母线短路电流将高于 20 kA，在表 5 中 10 kV 母线短路电流限定值已无 25 kA 情况下，新增项为"220 kV 变电站 10 kV 侧无馈出线时，10 kV 母线短路电流限定值可适当放大，但不宜超过 25 kA"。

7.5.2 为合理控制配电网的短路容量，可采取以下主要技术措施：

　　a）配电网络分片、开环，母线分段，主变压器分列；

　　b）控制单台主变压器容量；

　　c）合理选择接线方式（如二次绕组为分裂式）或采用高阻抗变压器；

　　d）主变压器低压侧加装电抗器等限流装置。

【释义】

　　控制配电网短路容量的合理措施是严格按规划配置变电站主变压器容量，对于确有困难时，可采取高阻抗主变压器，在主变压器低压侧、母线分段、出线断路器出口侧加装电抗器，以及其他新限流技术措施。当短路电流较大时，可采取联合限制措施，需要注意的是部分措施增加了馈线回路阻抗，会增加故障下线路电压跌落的幅度以及运行线损。

　　（1）考虑变电站中变压器台数及容量对电网的短路水平有很大的影响，增加"控制单台主变压器容量"措施。

　　（2）增加"加装电抗器等限流装置"的措施。按安装位置不同，限流电抗器可分为变压器低压侧串联电抗器、分段装电抗器及出线装电抗器三种。

　　1）低压侧串联电抗器。变压器低压侧串联电抗器可明显增加短路回路电抗，降低低压侧短路容量。

　　2）分段装设电抗器。母线上发生短路故障或出线上发生短路故障时，来自高压侧的短路电流也受到限制，因而分段电抗器的优点就是限制短路电流的范围大。

　　3）出线装设电抗器。出线上装设电抗器，对本线路的限流作用高于母线分段电抗器。尤其是出线为电缆的城网，出线电抗器可有效地起到限制短路电流的作用。

7.5.3　对处于系统末端、短路容量较小的供电区域，可通过适当增大主变压器容量、采用主变压器并列运行等方式，增加系统短路容量，保障电压合格率。

【释义】

母线短路容量是母线电压强度的标志，短路容量较小时，表明母线带负荷能力弱，相应出线负荷变化或并联电容器、电抗器的投切将引起较大的电压幅值变化。本条说明在限制短路容量的同时，规划电网时也应避免短路容量过小（普遍小于 10 kA）的情况，以免降低配电网的电能质量，并增加电压稳定性。

7.5.4　中性点接地方式对供电可靠性、人身安全、设备绝缘水平及继电保护方式等有直接影响。配电网应综合考虑可靠性与经济性，选择合理的中性点接地方式。中压线路有联络的变电站宜采用相同的中性点接地方式，以利于负荷转供；中性点接地方式不同的配电网应避免互带负荷。

【释义】

强调中性点接地方式不同的配电网应避免互带负荷，否则当发生单相接地故障时，有可能导致相关继电保护装置异常动作，增加电网运行风险。因此，有联络的配电网宜统一中性点接地方式，以利于负荷转供。

7.5.5　中性点接地方式一般可分为有效接地方式和非有效接地方式两大类，非有效接地方式又分不接地、消弧线圈接地和阻性接地三种。

a）110 kV 系统应采用有效接地方式，中性点应经隔离开关接地；

b）66 kV 架空网系统宜采用经消弧线圈接地方式，电缆网系统宜采用低电阻接地方式；

c）35 kV、10 kV 系统可采用不接地、消弧线圈接地或低电阻接地方式。

【释义】

明确了配电网中性点接地方式的类型和不同电压等级、不同电网特性下的可选择的接地方式。

（1）根据 GB/T 50064《交流电气装置的过电压保护和绝缘配合设计规范》，将原《导则》中"直接接地方式和非直接接地方式"调整为"有效接地方式和非有效接地方式"。

（2）根据 GB/T 50064《交流电气装置的过电压保护和绝缘配合设计规范》，进一步明确 110 kV 系统采用有效接地方式，即主变压器中性点直接接地方式，中性点经隔离开关接地，在各种条件下系统的零序与正序电抗之比（X_0/X_1）应为正值并且原则上不大于 3，其零序电阻与正序电抗之比（R_0/X_1）原则上不大于 1。

（3）35 kV、10 kV 系统采用非有效接地方式，非有效接地方式包括中性点不接地方式、中性点经消弧线圈接地方式、中性点经低电阻接地方式等。随着城市化发展和用电负荷的增加，电缆线路用量日益增大，其故障电容电流值通常较高，消弧线圈设备难以快速熄灭故障电流，进而故障引起的过电压造成老旧电缆或开关设备绝缘击穿。此类电缆网采取中性点经低电阻接地方式后，能够有效降低单相故障接地时的非故障相工频电压升高，避免了故障引起的暂态过电压峰值过高，降低了对相关设备绝缘水平的要求。同时还可以采用结构简单的继电保护装置，快速切除单相接地故障，保障设备运行安全。鉴于此，35 kV、10 kV 的电缆网中性点接地推荐采用经低电阻接地方式，35 kV、10 kV 的架空网可采用不接地或消弧线圈接地方式。

7.5.6 35 kV 架空网宜采用中性点经消弧线圈接地方式；35 kV 电缆网宜采用中性点经低电阻接地方式，宜将接地电流控制在 1000 A 以下。

【释义】

明确了 35 kV 配电网中性点接地方式选择。

按单相接地故障电容电流考虑，35 kV 配电网中性点接地方式选择应符合以下原则：

（1）单相接地故障电容电流在 10 A 及以下，宜采用中性点不接地方式。

（2）单相接地故障电容电流在 10 A～100 A（架空网），宜采用中性点经消弧线圈接地方式，接地电流宜控制在 10 A 以内。

（3）单相接地故障电容电流达到 100 A 以上，或以电缆网为主时，应采用中性点经低电阻接地方式。

（4）单相接地故障电流应控制在 1000 A 以下。

7.5.7 10 kV 配电网中性点接地方式的选择应遵循以下原则：

a）单相接地故障电容电流在 10 A 及以下，宜采用中性点不接地方式；

b）单相接地故障电容电流超过 10 A 且小于 100 A～150 A，宜采用中性点经消弧线圈接地方式；

c）单相接地故障电容电流超过 100 A～150 A 以上，或以电缆网为主时，宜采用中性点经低电阻接地方式；

d）有较高供电可靠性要求的地区，如采用 a）、b）中所规定的接地方式，可在中性点增设并联低电阻，正常方式下采用不接地或经消弧线圈接地，故障时投入并联低电阻用于故障选线和故障隔离。

【释义】

明确了 10 kV 配电网中性点接地方式选择。

中性点不接地方式：主要特点是简单，不需任何附加设备、投资省、运行方便，特别适用于以架空线为主的电容电流比较小、结构简单的辐射式 10 kV 配电网。在发生单相接地故障时，流过故障点的电流仅为电网的对地电容电流。由于电流较小，一般能自动熄弧；由于中性点绝缘在单相接地时并不破坏系统的对称性，可带故障连续供电。

实践证明，采用中性点不接地，当故障电容电流大于30 A时，将形成稳定电弧，成为持续性电弧接地，这将烧毁线路或可能引起多相相间短路。当故障电容电流大于10 A但小于30 A时，可能形成间歇性电弧，容易引起弧光接地过电压，从而危及电网的绝缘，因而中性点不接地方式适合单相接地故障电容电流在 10 A 及以下情况。

中性点经消弧线圈接地方式：在中性点和地之间接一电感线圈，系统单相接地故障时，利用消弧线圈的电感电流对系统的对地电容电流的补偿作用，使通过故障点的故障电流减小到能够自行熄弧的范围。该方式一般采用过补偿，使发生单相接地故障时和中性点不接地一样可持续运行一段时间。当单相接地电容电流较大或以电缆为主的配电网对地电容大幅提高时，系统对地电容超过消弧线圈容量，此时中性点经消弧线圈接地方式便不再适用。

中性点经低电阻接地方式：在中性点接入一小阻值电阻，该电阻与系统对地电容构成并联回路。由于电阻是耗能元件，也是电容电荷的释放元件，同时还是系统谐振的阻压元件。中性点经低电阻接地方式适应单相接地故障电容电流较大情况或电缆网为主的配电网，可将弧光接地过电压限制到较低水平，从根本上抑制系统谐振过电压，并简化继电保护，方便检测接地故障线路，隔离故障点。

对于有较高供电可靠性要求的地区，如接地方式采用不接地或经消弧线圈接地，可在中性点增设并联低电阻，正常运行方式下仍采用不接地或经消弧线圈接地，提高供电可靠性；故障时投入并联低电阻用于故障选线和故障隔离，快速定位故障线路、减少停电范围。

7.5.8 10 kV 配电设备应逐步推广一、二次融合开关等技术，快速隔离单相接地故障点，缩短接地运行时间，避免发生人身触电事故。

【释义】

本条为新增条，提出了采用 10 kV 新设备、新技术的需求，以实现快速隔离单相接地故障点的目的。

一次、二次融合开关是融合行业领先的电子式电压传感器、电子式电流传感器、电能计量模块、高速故障暂态录波等先进技术的成套断路器设备。该成套设备可不依赖配电自动化主站和通信，实现"自适应综合型就地自动化"功能，通过短路/接地故障检测技术、无压分闸、故障路径自适应延时来电合闸等控制逻辑，自适应多分支多联络配电网架结构，实现单相接地故障的就地选线、区域定位与隔离，通过两次重合闸实现故障区域隔离和非故障区域恢复供电。

7.5.9 10 kV 电缆和架空混合型配电网，如采用中性点经低电阻接地方式，应采取以下措施：

a）提高架空线路绝缘化程度，降低单相接地跳闸次数；

b）完善线路分段和联络，提高负荷转供能力；

c）降低配电网设备、设施的接地电阻，将单相接地时的跨步电压和接触电压控制在规定范围内。

【释义】

明确了 10 kV 电缆架空混合型配电网采用中性点经低电阻接地方式时所需采取的必要措施，取自 DL/T 599《中低压配电网改造技术导则》。除上述 3 个措施之外，采用中性点经低电阻接地方式时宜将单相接地电流控制在 150 A ～ 800 A 范围内；低电阻接地系统的中性点接地电阻阻值的选择，应确保跨步电压和接触电压满足 GB 50065《交流电气装置的接地设计规范》的要求，同时应使零序保护具有足够的灵敏度。

7.5.10 消弧线圈改低电阻接地方式应符合以下要求：

a）馈线设零序保护，保护方式及定值选择应与低电阻阻值相配合；

b）低电阻接地方式改造，应同步实施用户侧和系统侧改造，用户侧零序保护和接地宜同步改造；

c）10 kV 配电变压器保护接地应与工作接地分开，间距经计算确定，防止变压器内部单相接地后低压中性线出现过高电压；

d）根据电容电流数值，并结合区域规划成片改造。

【释义】

本条为新增条，明确了消弧线圈改低电阻接地方式的要求，取自 Q/GDW 10370《配电网技术导则》。其中，7.5.10 c）由于很多场合没有条件分开进行接地，因此对于配电变压器保护接地采用总等电位连接系统（含建筑物钢筋的）时，可与工作接地共用接地网，否则应与工作接地分开设置，间距经计算确定。

7.5.11 配电网中性点低电阻接地改造时，应对接地电阻大小、接地变压器容量、接地点电容电流大小、接触电位差、跨步电压等关键因素进行相关计算分析。

【释义】

本条为新增条，提出了配电网中性点低电阻接地改造时相关的电气计算分析内容，其中接地电阻、接触电位差、跨步电压的计算公式及计算过程可参照 GB 50065《交流电气装置的接地设计规范》附录。

（1）架空线的单相接地电容电流值。单回架空线路单相接地电容电流按照式（7-7）计算；对于同杆双回线路，电容电流为单回路的 1.3 倍~1.6 倍。

$$I_c = (2.7 \sim 3.3)U_e l \times 10^{-3} \qquad （7\text{-}7）$$

式中：I_c ——单相接地电容电流值，A；

U_e ——线路的额定电压，kV；

　　l ——线路的长度，km。

　　其中，（2.7～3.3）系数的取值原则为：

　　1）对没有架空地线的采用 2.7；

　　2）对有架空地线的采用 3.3。

　　（2）电缆线路的单相接地电容电流值。电缆线路单相接地电容电流按照式（7-8）计算：

$$I_{c} = 0.1U_{e}l \qquad (7\text{-}8)$$

式中：I_{c} ——单相接地电容电流值，A；

　　　　U_{e} ——线路的额定电压，kV；

　　　　l ——线路的长度，km。

7.5.12　220/380 V 配电网主要采用 TN、TT、IT 接地方式，其中 TN 接地方式主要采用 TN-C-S、TN-S。用户应根据用电特性、环境条件或特殊要求等具体情况，正确选择接地方式，配置剩余电流动作保护装置。

【释义】

　　给出了 220/380 V 配电网接地方式。低压配电网的接地有 TN、TT 和 IT 三种型式，这是低压网络保护接地的分类。按工作接地分类，TN、TT 为一类，是中性点直接接地系统，IT 是中性点非直接接地、经阻抗接地系统。

　　（1）TN 系统：电源端有一点直接接地（通常是中性点），电气装置的外露可导电部分通过保护中性导体或保护导体连接到此接地点，可分为 TN-C、TN-C-S、TN-S 系统。

　　1）TN-C 系统的安全水平较低，对信息系统和电子设备易产生干扰，可用于有专业人员维护管理的一般性工业厂房和场所，一般不推荐使用。

　　2）TN-S 系统适用于设有变电站的公共建筑、医院、有爆炸和火灾危险的厂房和场所；单相负荷比较集中的场所；数据处理设备、半导体整流设备和晶闸管设备比较集中的场所；洁净厂房、办公楼与科研楼、计算站、通信单位以及一般住宅、商店等民用建筑的电气装置。

3）TN-C-S 系统宜用于不附设变电站的上述 2）项中所列建筑和场所的电气装置。

（2）TT 系统：电源端有一点直接接地，电气装置的外露可导电部分直接接地，此接地点在电气上独立于电源端的接地点。TT 系统适用于不附设变电站的上述 2）项中所列建筑和场所的电气装置，尤其适用于无等电位连接的户外场所，例如户外照明、户外演出场地、户外集贸市场等场所的电气装置。

（3）IT 系统：电源端的带电部分不接地或有一点通过阻抗接地。电气装置的外露可导电部分直接接地。IT 系统适用于不间断供电要求高和对接地故障电压有严格限制的场所，如应急电源装置、消防设备、矿井下电气装置、胸腔手术室以及有防火防爆要求的场所。

（4）由同一变压器、发电机供电的范围内 TN 系统和 TT 系统不能和 IT 系统兼容；分散的建筑物可分别采用 TN 系统和 TT 系统；同一建筑物内宜采用 TN 系统或 TT 系统中的一种。

7.6 无功补偿

7.6.1 配电网规划需保证有功和无功的协调，电力系统配置的无功补偿装置应在系统有功负荷高峰和负荷低谷运行方式下，保证分（电压）层和分（供电）区的无功平衡。变电站、线路和配电台区的无功设备应协调配合，按以下原则进行无功补偿配置：

a）无功补偿装置应根据分层分区、就地平衡和便于调整电压的原则进行配置，可采用变电站集中补偿和分散就地补偿相结合、电网补偿与用户补偿相结合、高压补偿与低压补偿相结合等方式。接近用电端的分散补偿装置主要用于提高功率因数，降低线路损耗；集中安装在变电站内的无功补偿装置主要用于控制电压水平。

b）应从系统角度考虑无功补偿装置的优化配置，以利于全网无功补偿装置的优化投切。

c）变电站无功补偿配置应与变压器分接头的选择相配合，以保证电压质量和系统无功平衡。

d）对于电缆化率较高的地区，应配置适当容量的感性无功补偿装置。

e）接入中压及以上配电网的用户，应按照电力系统有关电力用户功率因数的要求配置无功补偿装置，并不得向系统倒送无功。

f）在配置无功补偿装置时，应考虑谐波治理措施。

g）分布式电源接入电网后，原则上不应从电网吸收无功，否则需配置合理的无功补偿装置。

【释义】

配电网无功规划是在负荷预测和网架规划的基础上，确定分电压等级、分区域的无功补偿装置容量和分布，其结果直接影响未来配电网的电压质量和经济性。合理有效的无功补偿，不仅能提高系统的电压合格率，保证供电质量，而且能降低网络的有功损耗，充分发挥配电网的经济效益。本条明确了配电网无功补偿的基本原则。

分层分区平衡原则：应坚持分层和分区平衡的原则。分层无功平衡的重点是确保各电压等级层面的无功电力平衡，减少无功在各电压等级之间的穿越；分区无功平衡的重点是确保各供电区域无功电力就地平衡，减少区域间无功电力交换。

分散补偿与集中补偿相结合的原则：无功补偿装置应根据就地平衡和便于调整电压的原则进行配置，可采用分散和集中补偿相结合的方式。

电网补偿与用户补偿相结合的原则：电网无功补偿以补偿公网和系统无功需求为主；用户无功补偿以补偿负荷侧无功需求为主，在任何情况下用户无功补偿不应向电网倒送无功功率，并保证在电网负荷高峰时不从电网吸收大量无功功率。

7.6.2 110 kV～35 kV 电网应根据网络结构、电缆所占比例、主变压器负载率、负荷侧功率因数等条件，经计算确定无功补偿配置方案。有条件的地区，可开展无功优化计算，寻求满足一定目标条件（无功补偿设备费用最少、网损最小等）的最优配置方案。

【释义】

提出了 110 kV～35 kV 电网无功补偿优化的计算要求，配电网最大自然无功负荷、无功补偿设备总容量及无功补偿度的计算方法和计算公式可参考 DL/T 1773《电力系统电压和无功电力技术导则》。

7.6.3 110 kV～35 kV 变电站一般宜在变压器低压侧配置自动投切或动态连续调节无功补偿装置，使变压器高压侧的功率因数在高峰负荷时不应低于 0.95，在低谷负荷时不应高于 0.95，无功补偿装置总容量应经计算确定。对于有感性无功补偿需求的，可采用静止无功发生器（SVG）。

【释义】

明确了 110 kV～35 kV 变电站无功补偿配置原则。由于无功补偿装置装设在高压侧时投资较大，且不能方便地随负荷变化频繁投切，难以及时调整低压侧电压，因此无功补偿装置宜首先考虑装设在主变压器低压侧。一般 110 kV～35 kV 变电站无功补偿装置的目的是补偿主变压器无功损耗和向主变压器中低压侧电网输送部分无功。

依据 Q/GDW 1212《电力系统无功补偿配置技术导则》，110 kV～35 kV 变电站高压侧的功率因数在高峰负荷时不应低于 0.95，在低谷负荷时不应高于 0.95。变电站无功补偿总容量可依据变压器参数、最大自然无功负荷和功率因数要求等计算。

对于大量采用 10 kV 电缆线路的城市电网，在新建 110～35 kV 变电站时，应根据电缆进、出线情况在相关变电站分散配置适当容量的感性无功补偿装置，具体可综合场地条件、投资等因素采用静止无功补偿装置（SVC）或静止无功发生器（SVG）。

7.6.4 配电变压器的无功补偿装置容量应依据变压器最大负载率、负荷自然功率因数等进行配置。

【释义】

提出了配电变压器的无功补偿容量配置原则。配电变压器的无功补偿装置容量配置应保证高峰负荷时配电变压器低压侧功率因数达到 0.95 以上，并应考虑供电电压偏差范围。配电变压器无功补偿装置容量可按变压器最大负载率为 75%～85%、负荷功率因数为 0.75～0.85 考虑，补偿到变压器高压侧功率因数不低于 0.95，经过计算后确定。

$$Q = [(I_0\% + U_d\% \times r^2)/100] \times S_N + d \qquad (7\text{-}9)$$

式中： Q ——无功补偿容量，kvar；

$I_0\%$ ——变压器空载电流百分值；

$U_d\%$ ——变压器短路电压百分值；

S_N ——变压器额定容量，kVA；

r ——变压器运行最大电流与变压器额定电流之比（近似等于负载率），不能确定时选取 1；

d ——负荷侧无功补偿预测，kVA。

$$d = r \times S_N \times \cos\varphi_1 \times \{\tan[\text{arc}(\cos\varphi_1)] - \tan[\text{arc}(\cos\varphi_2)]\} \qquad (7\text{-}10)$$

式中： $\cos\varphi_1$ ——补偿前功率因数；

$\cos\varphi_2$ ——补偿以后需要达到的功率因数。

7.6.5 在电能质量要求高、电缆化率高的区域，配电室低压侧无功补偿方式可采用静止无功发生器。

【释义】

本条为新增条。静止无功发生器是一种并联接入系统的电压源换流器装置，其输出的容性或感性无功电流连续可调，且在可运行系统电压范围内与系统电压无关。虽然静止无功发生器能够快速调节无功出力,适合于抑制快速变化的负荷所产生的电压波动和闪变,改善系统电压质量,提高在小干扰和大干扰下的稳定性,但由于装置造价高、损耗大、占地多等原因,不宜全面采用,可用于对电能质量要求较高的区域。

7.6.6 在供电距离远、功率因数低的 10 kV 架空线路上可适当安装无功补偿装置,其容量应经计算确定,且不宜在低谷负荷时向系统倒送无功。

【释义】

中压架空线路无功补偿是一项较为成熟的技术。在供电距离较远、功率因数较低的中压架空线路上可适当安装并联补偿电容器,采用自动控制三相或单相真空断路器投切的方式,其容量一般可按线路上配电变压器总量的 7% ~ 10%配置或经计算确定。

7.6.7 逐步规范 220/380 V 用户功率因数要求。

【释义】

在 DL/T 1773《电力系统电压和无功电力技术导则》中规定了电力用户应根据其负荷的无功需求,设计和安装无功补偿设备,其功率因数应达到以下要求: 35 kV 及以上高压供电的电力用户在负荷高峰时,其变压器一次侧功率因数应不低于 0.95,在负荷低谷时,功率因数应不高于 0.95; 100 kVA 及以上 10 kV 供电的电力用户,其功率因数应达到 0.95 以上。但在 DL/T 1773《电力系统电压和无功电力技术导则》中未对 220/380 V 用户功率因数提出要求。从提升设备利用率、降低损耗、改善电压质量等角度,有必要逐步规范 220/380 V 用户功率因数的要求。

7.7 继电保护及自动装置

7.7.1 配电网应按 GB/T 14285 的要求配置继电保护和自动装置。

【释义】

在配电网出现短路故障和异常运行时，为隔离故障设备、恢复非故障设备的正常运行，配电网应配置继电保护和自动装置，保证配电系统和电力设备的安全运行。目前应用于配电网的保护主要有电流保护、距离保护、纵联保护、母线保护等基本方式，自动装置主要有自动重合闸、自动解列装置、备用电源自动投切装置等。

GB/T 14285《继电保护和安全自动装置技术规程》规定了电力系统继电保护和安全自动装置的科研、设计、制造、试验、施工和运行等部门共同遵守的基本准则，因此配电网继电保护和自动装置的配置应符合此标准的有关规定。

7.7.2 配电网设备应装设短路故障和异常运行保护装置。设备短路故障的保护应有主保护和后备保护，必要时可再增设辅助保护。

【释义】

继电保护是针对电力系统故障或危及安全运行的异常工况，所采取的反事故自动化措施。当系统中发生故障或危及安全运行的异常工况事件时，继电保护及自动装置能够及时发出警告信号，或直接控制断路器发出跳闸命令，进而终止事件的进一步发展。

主保护：满足系统稳定和设备安全要求，能以最快速度有选择地切除被保护设备和线路故障的保护。

后备保护：主保护或断路器拒动作时，用以切除故障的保护，后备保护可分为远后备和近后备两种方式。远后备是当主保护或断路器拒动作时，由相邻电力设备或线路的保护实现后备。近后备是当主保护拒动作时，由该电力设备或线路的另一套保护实现后备的保护；当断路器拒动时，由断路器失灵保护来实现后备的保护。配电网一般采用远后备保护方式。

辅助保护：辅助保护是为补充主保护和后备保护的性能或当主

97

保护和后备保护退出运行时而增设的简单保护。

7.7.3 110 kV～35 kV 变电站应配置低频低压减载装置，主变压器高、中、低压三侧均应配置备自投装置。单链、单环网串供站应配置远方备投装置。

【释义】

本条为新增条，规定了 110 kV～35 kV 变电站及电网的安全自动装置。

低频减负荷是限制频率降低的基本措施，电力系统中应设置限制频率降低的控制装置，以便在各种可能的扰动下而引起频率降低时，将频率降低限制在短时允许范围内，并使频率在允许时间内恢复至长时间允许值。同时为防止电力系统出现扰动后，无功功率欠缺或不平衡，某些节点的电压降到规范外的数值，甚至可能出现电压崩溃，应设置自动限制电压降低的紧急控制装置。鉴于此为保证 110 kV～35 kV 变电站安全稳定运行，应配置低频低压减载装置。

为满足供电安全准则，实现主变压器或线路故障后快速恢复供电，提出主变压器高、中、低压三侧均应配置备自投装置和单链、单环网串供站应配置远方备投装置的要求。

7.7.4 10 kV 配电网主要采用阶段式电流保护，架空线路及架空电缆混合线路应配置自动重合闸；低电阻接地系统中的线路应增设零序电流保护；合环运行的配电线路应增设相应的保护装置，确保能够快速切除故障。全光纤纵差保护应在深入论证的基础上，限定使用范围。

【释义】

明确 10 kV 配电网的继电保护配置。

10 kV 单侧电源线路可装设两段过电流保护，第一段为不带时限的电流速断保护，第二段为带时限的过电流保护，保护装置可采用定时限或反时限特性。

对双侧电源线路，可装设带方向或不带方向的电流速断和过电流保护。当采用带方向或不带方向的电流速断和过电流保护不能满足选择性、灵敏性或速动性的要求时，可采用光纤纵联差动保护作主保护，并应装设带方向或不带方向的电流保护作后备保护。

依据 GB 14285《继电保护和安全自动装置技术规程》，10 kV 经低电阻接地线路，除应配置相间故障保护外，还应配置零序电流保护。零序电流保护应设两段，第一段应为零序电流速断保护，时限宜与相间速断保护相同；第二段应为零序过电流保护，时限宜与相间过电流保护相同。当零序电流速断保护不能满足选择性要求时，也可配置两套零序过电流保护。

与原《导则》的变化：鉴于光纤纵差保护投资高、实施难度大等因素，需开展技术经济论证后确定使用范围，主要在阶段式电流保护无法配置、整定的情况下使用。

7.7.5 220/380 V 配电网应根据用电负荷和线路具体情况合理配置二级或三级剩余电流动作保护装置。各级剩余电流动作保护装置的动作电流与动作时间应协调配合，实现具有动作选择性的分级保护。

【释义】

本条为新增条，规定了 220/380 V 配电网的继电保护配置。装设剩余电流总保护（电源端）主要目的是防范电气火灾、导线断线，由于目前大多农村配电变压器台区供电范围较大，个别漏电设备影响范围较大，使得剩余电流总保护无法正常运行，故有必要在低压干线或分支线上装设二级或三级剩余电流保护装置，以缩小保护范围，保障剩余电流保护装置投运效果。

7.7.6 接入 110 kV～10 kV 电网的各类电源,采用专线接入方式时,其接入线路宜配置光纤电流差动保护,必要时上级设备可配置带联切功能的保护装置。

【释义】

规定了 110 kV～10 kV 电网的各类集中式电源专线接入系统时的保护原则,分布式电源专线接入系统时的保护要求可参照 7.7.9 的释义内容。

110 kV 电源并网专用线路、转供第一级专用线路宜配置一套纵联保护,存在稳定问题时配置两套纵联保护;35 kV、10 kV 电源并网专用线路宜配置一套纵联保护。

7.7.7 变电站保护信息和配电自动化控制信息的传输宜采用光纤通信方式;仅采集遥测、遥信信息时,可采用无线、电力载波等通信方式。对于线路电流差动保护的传输通道,往返均应采用同一信号通道传输。

【释义】

规定了继电保护信息和自动化控制信息的传输方式。

与原《导则》的变化:新增"仅采集遥测、遥信信息时,可采用无线、电力载波等通信方式"内容,即如仅采集遥测、遥信信息时,对信息传输的时效和质量要求较低,可采用无线、电力载波等通信方式。

7.7.8 对于分布式光伏发电以 10 kV 电压等级接入的线路,可不配置光纤纵差保护。采用 T 接方式时,在满足可靠性、选择性、灵敏性和速动性要求的情况下,其接入线路可采用电流电压保护。

【释义】

规定了分布式光伏发电接入线路的继电保护配置,分布式风电也可参照执行。

7.7.9 分布式电源接入时，继电保护和安全自动装置配置方案应符合相关继电保护技术规程、运行规程和反事故措施的规定，定值应与电网继电保护和安全自动装置配合整定；接入公共电网的所有线路投入自动重合闸时，应校核重合闸时间。

【释义】

提出了分布式电源接入继电保护和安全自动装置配置方案的总体要求。具体配置要求如下：

（1）以 380/220 V 电压等级接入的分布式电源，并网点和公共连接点的断路器应具备短路速断、延时保护功能和分励脱扣、失电压跳闸及低压闭锁合闸等功能，同时应配置剩余电流保护。

（2）以 35 kV、10 kV 电压等级接入的分布式电源。

1）采用专用线路接入用户变电站或开关站母线等时，宜配置（方向）过电流保护；接入配电网的分布式电源容量较大且可能导致电流保护不满足保护"四性"（可靠性、选择性、灵敏性和速动性）要求时，可配置距离保护；当上述两种保护无法整定或配合困难时，可配纵联电流差动保护。

2）采用"T"接方式接入用户配电网时，为了保证用户其他负荷的供电可靠性，宜在分布式电源站侧配置电流速断保护反映内部故障。

3）应对分布式电源送出线路的相邻线路现有保护、开关和电流互感器进行校验，当不满足要求时，应调整保护配置，必要时按双侧电源线路完善保护配置。

4）通过 10 kV 电压等级直接接入公共电网以及通过 35 kV 电压等级并网的分布式电源宜具备一定的低电压穿越能力；当并网点考核电压在图 7-1 中电压轮廓线及以上的区域内时，分布式电源不应脱网连续运行；否则，允许分布式电源切出。

（3）应对分布式电源接入侧的变电站或母线保护进行校验，若不能满足要求时，则变电站或开关站侧应配置保护装置，快速切除母线故障。

（4）变流器必须具备快速检测孤岛功能且检测到孤岛后立即断开与电网的连接的能力。分布式光伏防孤岛保护应与继电保护配置、频率电压异常紧急控制装置和低电压穿越装置相互配合。

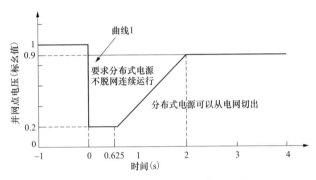

图 7-1   分布式电源低电压穿越要求

注：各种故障类型下的考核电压为：三相短路故障和两相短路故障考核并网点线电压，单相接地短路故障考核并网点相电压。

（5）接入 35 kV、10 kV 系统的变流器型分布式电源应配置防孤岛保护装置，分布式电源切除时间应与线路保护、重合闸、备自投等配合，以避免非同期合闸。

（6）分布式电源接入配电网的安全自动装置应实现频率电压异常紧急控制功能，按照整定值跳开并网点断路器。

（7）分布式电源 35 kV、10 kV 电压等级接入配电网时，应在并网点设置安全自动装置；若 35 kV、10 kV 线路保护具备失压跳闸及低压闭锁功能，也可不配置。

（8）380/220 V 电压等级接入时，不独立配置安全自动装置。

（9）分布式电源本体应具备故障和异常工作状态报警和保护的功能。

（10）经同步发电机直接接入配电网的分布式电源，应在必要位置配置同期装置。

（11）经感应发电机直接接入配电网的分布式电源，应保证其并网过程不对系统产生严重不良影响，必要时采取适当的并网措施，如可在并网点加装软并网设备。

（12）变流器型分布式电源接入配电网时，不配置同期装置。

7.8 防灾抗灾技术要求

7.8.1 按照划定的灾害多发区域供电保障范围，科学评估规划区域灾害分布及类型特点，遵循"因地制宜、重点突出、差异建设、防范有效、经济合理"的原则，通过适应性调整规划设计标准、加强运维保障及新技术应用、完善灾害监测预警手段等措施，提高配电网综合防灾抗灾能力。

【释义】

为提升配电网防灾减灾能力，针对各地自然灾害类型和特点，给出了配电网规划防灾抗灾总体要求。

7.8.2 在国家重点城市布局建设坚强局部电网，针对超过设防标准的严重自然灾害导致电力系统极端故障的情况，对保障城市基本运转、维持或恢复社会稳定、发挥抢险救灾作用的电力用户，应根据地区灾害防御需求及用户重要等级差异化建设"生命线"通道，提高局部电网抵御灾害及快速复电能力。"生命线"通道主要规划原则包括：

a）优先将汇聚联络通道较多、直接连接本地保障电源的变电站和作为网架枢纽点的变电站等电力设施纳入"生命线"通道。特级重要用户形成不少于两条"生命线"通道，其余"生命线"用户形成一条"生命线"通道。

b）应根据各地区多发易发自然灾害类型及等级，兼顾不同灾害防御需求，差异化选择"生命线"通道上变电站和线路建设型式，针对性提高规划设计标准。

c）接入电压等级最高的本地保障电源应具备孤岛运行的能力，重点城市具备黑启动功能的本地保障电源数量应不少于1座。

d）"生命线"用户应配置自备应急电源，电源容量、投切方式、持续供电时间等技术要求应满足其全部保安负荷正常启动和带载运行时长要求。

【释义】

本条为补充内容，补充条款完善了坚强局部电网"生命线"通道主要规划原则和通道资源选取原则，兼顾不同重要用户和不同灾害防御需求，明确了本地保障电源和自备应急电源配置要求。

坚强局部电网针对超过设防标准的严重自然灾害等导致的电力系统极端故障，完善电力系统规划设计标准，保障重要用户保安负荷在严重自然灾害等情况下不停电，特级重要用户非保安负荷停电时间不超过半小时，一级重要用户和部分二级重要用户非保安负荷停电时间力争不超过2 h。

（1）纳入坚强局部电网保障的重要用户应至少具备两路独立电源供电，其中一路电源为"生命线"通道，特级重要用户应至少具备三路独立电源供电，至少形成两条"生命线"通道。

（2）纳入生命线通道的新建变电站宜采用户内布置，新建的线路应根据地区自然灾害特点而选择电缆或架空线路建设，必要时对通道上存量的站点和线路进行差异化改造。

（3）以"极端状态下，坚强局部电网具有孤岛运行能力"为原则，对本地保障电源进行改造，合理规划其孤网运行范围；重点城市应明确黑启动恢复供电的路径。

（4）纳入坚强局部电网保障范围内重要用户的应急自备电源装机容量应不小于保安负荷需求。

7.8.3 变（配）电站选址应充分考虑历年灾害影响、气象、水文、地质等情况进行选择，应避开易发生泥石流、滑坡、崩塌、洪水、内涝、台风等灾害地带；避开相对高耸、突出地貌或山区风道、垭口、抬升气流的迎风坡等微地形区域。

a）10 kV 配电室、开关站宜独立建设，宜设置在地面一层及以上，并采取屏蔽、减振、降噪、防潮措施，满足防火、防水和防小动物等要求。受条件限制时可与其他建筑合建，可设置在地下一层，但不应设置在最底层。10 kV 变压器宜选用干式变压器（非独立式应选用干式变压器）。

b）城市（含县级市）规划区新建住宅小区配电室、开关站、环网室、箱式变压器等 10 kV 配电设施（不含线路）应高于当地防洪防涝用地高程，应设置应急用电接口及必要的挡水排水设备，根据需要可使用全密封、全绝缘、防洪型等高防水标准配电设备。

【释义】

明确了变（配）电站选址原则和 10 kV 配电设施规划设计要求。为预防城市内涝灾害，提升城市电网防内涝能力，细化了 10 kV 配电室、开关站等配电设施（不含线路）规划设计要求，目前国内仅部分省市明确防洪防涝用地高程，如当地无防洪防涝用地高程明确规定，应结合地区防洪防涝要求，合理设定规划设计标准，但原则上不应高于高压配电网的规划设计标准。如地方相关标准明确要求配电室等配电设施应布置在地面一层及以上，按照"就高不就低"的原则执行。

7.8.4 线路路径选择应避开气象、水文、地质等灾害地带。架空线路不应在河道内平行河道走线，杆塔宜避免在河道旁、沟渠旁和河漫滩等易受积水浸泡的位置。电缆管廊应考虑防洪涝排水措施，必要时加装水位监测预警装置。

a）中、重冰区 110 kV 线路设计应优先采用避冰及抗冰措施。具备条件地区经技术经济比较后可采用融冰及防冰等措施，对设计采用融冰及防冰等措施的线路应合理选择设计冰厚。

b）强风区 10 kV 及以上架空线路,应采用提高抗风设防水平的差异化规划设计标准,可根据重要负荷分布、气象地质等情况,采用减小档距及耐张段长度、配置防风拉线、增加分段数量等措施;35 kV 及以上架空线路及 10 kV 架空主干线宜采用单回架设,保证线路之间的安全距离,防止临近线路倒塔影响安全运行。

c）强雷区 10 kV 及以上架空线路,可通过降低接地电阻、减小地线保护角、优化绝缘配置、安装避雷器和加装耦合地线等措施降低雷暴影响。

d）在树线矛盾隐患突出、人身触电风险较大的路段,10 kV 架空线路杆塔不应采用拉线杆,导线应采用绝缘线或加装绝缘护套等。

e）对于森林草原防火有特殊要求的区域,配电线路宜采取防火隔离带、防火通道与电力线路走廊相结合的模式。

【释义】

考虑气象、水文、地质等灾害,补充了配电网线路路径选择原则,明确了冰灾、风灾、雷电、树线矛盾隐患、森林草原火灾情况下 110 kV ~ 10 kV 线路规划设计要求,如线路路径选择确实无法避开气象、水文、地质等灾害地带时,应采取必要的加强措施。

（1）根据 GB 50545《110 kV ~ 750 kV 架空输电线路设计规范》条文说明、DL/T 5440《重覆冰架空输电线路设计技术规程》和 Q/GDW 182《中重冰区架空输电线路设计技术规定》相关要求,避冰主要指避开严重冰区,线路应避开暴露的山顶、横跨垭口、风道等易形成严重覆冰的微型地段;抗冰主要指对于无法避开的中、重冰地区,采用相应的规划设计标准,增强线路抗冰能力;融冰主要指具备条件地区可采用加装融冰装置等方案;防冰主要指采用导线外表涂料防冰、热力防冰等新型防冰材料。

（2）明确了强风区 10 kV 及以上架空线路差异化规划设计要求。

（3）根据 GB/T 50064—2014《交流电气装置的过电压保护和绝缘配合设计规范》2.0.9，强雷区是指"平均年雷暴日数超过 90 d 或地面落雷密度超过 7.98 次/（km² · a）以及根据运行经验雷害特殊严重的地区"。强雷区 10 kV 及以上架空线路采取相关措施降低雷暴影响。

（4）强调了特殊路段的架空线路的建设要求。在农村等树线矛盾隐患突出路段，通过采用绝缘导线或加装绝缘护套可以有效减少因树线碰触导致的频繁跳闸停电问题；在人口密集活动区域，人身触电风险较大，应采用绝缘线来尽量避免人身触电等安全事件的发生。绝缘护套相比绝缘导线成本较高、增加导线重量可能引起弧垂过大、杆塔承载力不足等问题，因此选用绝缘护套加强防护方式宜进行技术经济比选后确定，一般绝缘护套主要可用于跌落式熔断器、防风拉线等局部设备或已有架空导线穿越树枝局部线段的防护加强。

架空绝缘线路应有完善的绝缘化设施，应对其导线接头、并沟线夹、T 型线夹、导线与设备连接端子、耐张线夹（此指剥去绝缘层的耐张线夹）、装设验电接地环处等进行绝缘护封或加装专用绝缘护罩防止雨水进入接头绝缘层内，逐步实现线路的全绝缘化。绝缘导线线路应采取必要的防止雷击断线措施，绝缘子绝缘水平一般按 15 kV 考虑，在易遭雷击或大档距跨越的局部线路可采用钢芯铝绞线。

需要特别说明的是，由于绝缘导线档距较小（原则上控制在 80 m 以内），防雷难度大于裸导线，山区地质以岩石、松砂石为主时接地体敷设难度大，接地电阻很难达到要求，因此对于山区受地形限制情况下，宜综合建设条件、运维难度、成本、防雷技术等因素充分论证，因地制宜差异化选择绝缘导线或裸导线。

（5）针对森林草原等防火有特殊要求的区域，提出了防火隔离带、防火通道与电力线路走廊相结合的线路建设模式，线路是否开展绝缘改造应开展技术经济论证。

8 电网结构与主接线方式

【释义】

本章明确了各电压等级配电网结构要求，突出相互匹配、强简有序、相互支援的总体要求，优化了目标网架结构，明确了变电站主接线方式，增加了现状网架向目标网架的过渡方式，避免大拆大建。

8.1 一般要求

8.1.1 合理的电网结构是满足电网安全可靠、提高运行灵活性、降低网络损耗的基础。高压、中压和低压配电网三个层级之间，以及与上级输电网（220 kV 或 330 kV 电网）之间，应相互匹配、强简有序、相互支援，以实现配电网技术经济的整体最优。

【释义】

明确了电网各电压等级相互匹配、强简有序、相互支援，实现配电网技术经济整体最优的总体要求。

（1）是对 4.3 "配电网规划应坚持各级电网协调发展，将配电网作为一个整体系统……上下级电网协调配合、相互支援"在电网结构方面的具体阐述。

（2）强调了合理的电网结构是电网安全性、可靠性、灵活性、经济性必需的物质基础。在原《导则》基础上，将"满足供电可靠性"更改为"满足电网安全可靠"，同时增加了配电网"与上级输电网（220 kV 或 330 kV 电网）之间"协调发展的要求，将协调发展理念由配电网内部上升至电网整体。

8.1.2 A+、A、B、C 类供电区域的配电网结构应满足以下基本要求：

a）正常运行时，各变电站（包括直接配出 10 kV 线路的 220 kV

变电站）应有相对独立的供电范围，供电范围不交叉、不重叠，故障或检修时，变电站之间应有一定比例的负荷转供能力。

b）变电站（包括直接配出 10 kV 线路的 220 kV 变电站）的 10 kV 出线所供负荷宜均衡，应有合理的分段和联络；故障或检修时，应具有转供非停运段负荷的能力。

c）接入一定容量的分布式电源时，应合理选择接入点，控制短路电流及电压水平。

d）高可靠的配电网结构应具备网络重构的条件，便于实现故障自动隔离。

【释义】

本条是对 A+、A、B、C 类供电区域的配电网结构的基本要求。明确了正常运行以及故障或检修状态下，配电网结构需要满足的基本要求，并在原《导则》基础上，将变电站供电范围由"相互独立"更改为"相对独立"，适当放宽了供电范围独立的要求。同时将变电站"中压出线长度及所带负荷"更改为"10 kV 出线所供负荷"，不再强调中压出线长度的要求；对于分布式电源接入时，明确了需要选择合理的接入点，并需要控制短路电流及电压水平；对于可靠性要求高的配电网结构还需要具备网络重构的条件。

8.1.3 D、E 类供电区域的配电网以满足基本用电需求为主，可采用辐射结构。

【释义】

本条是对 D、E 类供电区域配电网结构的基本要求，贯彻了差异化规划原则。考虑到 D、E 类供电区域相对 A+、A、B、C 类供电区域负荷密度低、可靠性要求不高，因此重点以满足用电需求为主，允许采用辐射结构。

8.1.4 变电站间和中压线路间的转供能力，主要取决于正常运行时的变压器容量裕度、线路容量裕度、中压主干线的合理分段数和联络情况等，应满足供电安全准则及以下要求：

a）变电站间通过中压配电网转移负荷的比例，A+、A 类供电区域宜控制在 50%～70%，B、C 类供电区域宜控制在 30%～50%。除非有特殊保障要求，规划中不考虑变电站全停方式下的负荷全部转供需求。为提高配电网设备利用效率，原则上不设置变电站间中压专用联络线或专用备供线路。

b）A+、A、B、C 类供电区域中压线路的非停运段负荷应能够全部转移至邻近线路（同一变电站出线）或对端联络线路（不同变电站出线）。

【释义】

列举了影响变电站间和中压线路间转供能力的主要因素，并明确了转移负荷的具体要求。

根据 3.20 可知，转供能力指当电网元件发生停运时电网转移负荷的能力，对电网安全可靠运行有着重要意义，配电网规划时应充分考虑影响转供能力的主要因素。转供能力一般量化为可转移的负荷占该区域总负荷的比例。

原则上变电站间转移负荷比例以 50%为基准，其中 A+、A 类供电区域要求略高，控制站间转移负荷比例为 50%～70%；B、C 类供电区域适当放宽要求，控制站间转移负荷比例为 30%～50%。

在原《导则》基础上，将"转供能力"明确为"变电站间和中压线路间的转供能力"。补充了 A+、A、B、C 类供电区域变电站间和中压线路间的转供能力应满足的差异化要求。其中要求 a）中，变电站全停指变电站各级电压母线所供负荷（不包括站用电）均降至零，该类故障发生率低，电网规划工作应统筹安全质量和效率效益，故除非有特殊保障要求，规划中不考虑变电站全停方式下的负荷全部转移。

要求 a）中明确规定，为提高配电网设备利用效率，原则上不设置变电站间中压专用联络线或专用备供线路。N 供一备是设置专用备用线路的一种典型接线，主要在深圳地区应用较多，其他城市相对较少，N 为供电线路数量，一般为 2 或者 3，供电的线路负载率控制在 80%左右，备供线路空载或负载率较低。N 供一备结构的设计利用率较单环网稍高，供电可靠性水平相当，但存在应用条件受限、联络点选择困难、运行操作复杂等问题，主要应用于负荷密度高、变电站出线受限、较大容量用户集中的区域。

8.1.5　配电网的拓扑结构包括常开点、常闭点、负荷点、电源接入点等，规划时需合理配置，以保证运行的灵活性。各电压等级配电网的主要结构如下：

　　a）高压配电网结构应适当简化，主要有链式、环网和辐射结构；变电站接入方式主要有 T 接和 π 接等。

　　b）中压配电网结构应适度加强、范围清晰，中压线路之间联络应尽量在同一供电网格（单元）之内，避免过多接线组混杂交织，主要有双环式、单环式、多分段适度联络、多分段单联络、多分段单辐射结构。

　　c）低压配电网实行分区供电，结构应尽量简单，一般采用辐射结构。

【释义】

　　明确了配电网拓扑结构主要构成元素，给出了各电压等级配电网的主要电网结构。本条是对 8.1.1 "高压、中压和低压配电网三个层级之间，以及与上级输电网（220 kV 或 330 kV 电网）之间，应相互匹配、强简有序、相互支援"理念的重要体现。明确了高中低压配电网结构的主要推荐形式，高压配电网结构适当简化，适度增强中压配电网结构，提高中压配电网转移负荷能力，保障高压配电网和低压配电网在电网故障和检修时的供电保障，增强各级电网之间的相互支援能力以及灵活性。

8.1.6 在电网建设初期及过渡期，可根据供电安全准则要求和实际情况，适当简化目标网架作为过渡电网结构。

【释义】

本条为新增内容，明确了电网建设初期及过渡期电网网架的要求。

对行业标准 DL/T 5729《配电网规划设计技术导则》相关内容进行了调整。将"可根据供电安全准则要求与目标电网结构"修改成了"可根据供电安全准则要求和实际情况"，强调了考虑实际情况的重要性；将"选择合适的过渡电网结构，分阶段逐步建成目标网架"修改为"适当简化目标网架作为过渡电网结构"，对过渡网架进行了更明确的定义。在中压配电网中，若目标网架为双环网结构，可由单环网作为过渡网架结构；在高压配电网中，若目标网架为三链结构，可由单链或双链作为过渡网架结构等。从简化网架的角度出发，选择最符合实际情况与最易实现目标网架的最优解。

8.1.7 变电站电气主接线应根据变电站功能定位、出线回路数、设备特点、负荷性质及电源与用户接入等条件确定，并满足供电可靠、运行灵活、检修方便、节约投资和便于扩建等要求。

【释义】

明确了变电站电气主接线的确定原则。该条引自 GB 50059—2011《35 kV～110 kV 变电站设计规范》3.2.1，变电站主接线需要根据变电站功能定位、出线回路数、设备特点、负荷性质以及电源与用户接入等条件确定。在此基础上变电站还需要满足供电可靠、运行灵活、检修方便、节约投资以及便于扩建等要求。在原内容基础上增加了"电源与用户接入"，主要是考虑到未来电源及用户接入的需求，同时增加了"节约投资"，体现配电网规划中应始终遵循的经济性原则。

8.2 高压配电网

8.2.1 各类供电区域高压配电网目标电网结构可参考表 6 确定，示意图参见附录 B。

表 6   **高压配电网目标电网结构推荐表**

供电区域类型	目标电网结构
A+、A	双辐射、多辐射、双链、三链
B	双辐射、多辐射、双环网、单链、双链、三链
C	双辐射、双环网、单链、双链、单环网
D	双辐射、单环网、单链
E	单辐射、单环网、单链

【释义】

给出 3 大类（辐射式、环式、链式）共 8 种（多辐射、双辐射、单辐射、三链、双链、单联、双环、单环）典型电网结构，规范了 110 kV～35 kV 电网的目标网架结构。依据各类供电区域供电安全水平要求和实际情况，给出各类供电区域推荐采用的电网结构。此外，还需考虑以下情况：

（1）综合考虑上级电源点的配置、110 kV～35 kV 线路导线截面、110 kV～35 kV 变电站的配置和供电安全水平等因素，每条 110 kV～35 kV 线路上接入的变电站一般不宜超过 3 座，具体可结合实际情况计算得出。

（2）各类供电区域内的电网可根据发展阶段、供电安全水平要求和实际情况，初期及过渡期可采用过渡电网结构，通过建设与改造，逐步实现推荐的目标电网结构。110（66）、35 kV 电网结构推荐过渡方式见图 8-1、图 8-2。

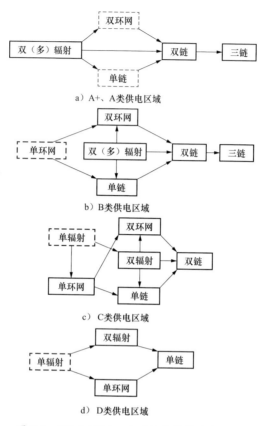

a）A+、A类供电区域

b）B类供电区域

c）C类供电区域

d）D类供电区域

图 8-1　110（66）kV 电网结构推荐过渡方式

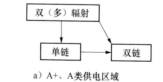

a）A+、A类供电区域

b）B、C类供电区域

图 8-2　35 kV 电网结构推荐过渡方式（一）

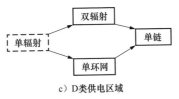

c）D类供电区域

图 8-2　35 kV 电网结构推荐过渡方式（二）

注：虚线框内接线方式仅适用于配电网的发展初期及过渡期，不宜作为目标电网结构。

本条在原《导则》8.4基础上，针对目标电网结构推荐表，进行了调整：

110 kV 目标电网结构 A+、A 类供电区域不再推荐单链、双环网；C 类供电区域不再推荐单环网、三链；D 类供电区域不再推荐单辐射，新增推荐单环网；E 类供电区域新增推荐单环网、单链。对 A+、A、B、C 类供电区域 110 kV 电压等级目标电网结构进行了合理简化，对 D、E 类供电区域目标电网结构进行了适当加强。

35 kV 目标电网结构 A+、A、D、E 类供电区域调整情况同 110 kV；B 类供电区域不再推荐单环网，新增推荐三链、双环网。

表 8-1、表 8-2 给出了高压配电网目标电网结构调整情况。

表 8-1　　　原《导则》高压配电网目标电网结构推荐

电压等级	供电区域类型	链式			环网		辐射	
		三链	双链	单链	双环网	单环网	双辐射	单辐射
110（66）kV	A+、A 类	✓	✓	✓	✓		✓	
	B 类	✓	✓	✓	✓		✓	
	C 类	✓	✓	✓	✓	✓	✓	
	D 类					✓	✓	✓
	E 类							✓

电压等级	供电区域类型	链式			环网		辐射	
		三链	双链	单链	双环网	单环网	双辐射	单辐射
35kV	A+、A 类	✓	✓	✓	✓		✓	
	B 类		✓	✓		✓	✓	
	C 类		✓	✓		✓		
	D 类					✓	✓	✓
	E 类							✓

表 8-2　　　本《导则》高压配电网目标电网结构推荐

供电区域类型	目标电网结构
A+、A	双辐射、多辐射、双链、三链
B	双辐射、多辐射、双环网、单链、双链、三链
C	双辐射、双环网、单链、双链、单环网
D	双辐射、单环网、单链
E	单辐射、单环网、单链

在实际工作中，T、π混合接入的双链结构与三链结构对于受电变电站并没有本质区别，在绘制地理接线图时一般按受电变电站三回进线（3 T 或 1π+1T）规划即可（图 8-3），无须特意区分，在规划执行时，这种方式下的双链也不需要再考虑向三链（图 8-4）过渡的问题。

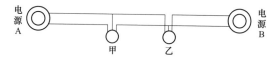

图 8-3　T、π混合接入的双链结构

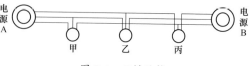

图 8-4　三链结构

对于双环网结构，无论对双辐射结构还是对单环网结构的可靠性提升均不明显，且建设费用较高，因此，除非在环网规划时能够完全符合后期的切改规划，在实际应用中不建议采用双环网作为目标网架。

双（多）辐射过渡为单链结构时，由于目标网架均为双链或三链，因此已形成双辐射供电的一侧应保留原有双回线路，形成如图 8-5 的网架结构。

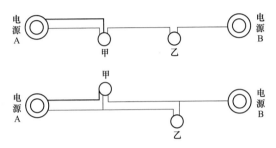

图 8-5 双（多）辐射过渡网架示意图

8.2.2 A+、A、B 类供电区域宜采用双侧电源供电结构，不具备双侧电源时，应适当提高中压配电网的转供能力；在中压配电网转供能力较强时，高压配电网可采用双辐射、多辐射等简化结构。B 类供电区域双环网结构仅在上级电源点不足时采用。

【释义】

明确了 A+、A、B 类供电区域宜双侧电源供电，提出了单侧电源供电结构的使用限定条件，体现了各电压等级"相互匹配、强简有序、相互支援"的理念。当 A+、A、B 类供电区域上级电源点较远、不具备双侧电源供电条件时，提高中压配电网转供能力，是实现配电网技术经济整体最优的合理方式。

"双侧电源"指来自不同上级变电站、为同一变电站供电的两个方向电源。

本条在原《导则》8.4 "表 7 注 1"基础上进行了修改：

117

相较于原规定"注 1：A+、A、B 类供电区域供电安全水平要求高，110 kV～35 kV 电网宜采用链式结构，上级电源点不足时可采用双环网结构，在上级电网较为坚强且 10 kV 具有较强的站间转供能力时，也可采用双辐射结构"，本条修改主要在高压配电网结构中增加了"多辐射"；同时着重说明"双环网结构"仅为 B 类供电区域在上级电源点不足时采用。

8.2.3 D、E 类供电区域采用单链、单环网结构时，若接入变电站的数量超过 2 个，可采取局部加强措施。

【释义】

本条为新增内容。在原《导则》8.2.1 基础上，着重强调 D、E 类供电区域采用单链、单环网结构时，若接入变电站数量超过 2 个，可适当提高两侧送端线路选型标准、增加送端线路回路数（作为过渡形式）等措施。

8.2.4 110 kV～35 kV 变电站高压侧电气主接线有桥式、线变组、环入环出、单母线（分段）接线等，示意图参见附录 C。高压侧电气主接线应尽量简化，宜采用桥式、线变组接线。考虑规划发展需求并经过经济技术比较，也可采用其他形式。

【释义】

本条为新增内容，列举了 110 kV～35 kV 变电站高压侧电气主接线型式及示意图，并给出推荐接线。

根据 GB 50059—2011《35 kV～110 kV 变电站设计规范》3.2.1 和 3.2.2，变电站在满足供电规划的条件下，宜减少电压等级和简化接线、在满足变电站运行要求的前提下，变电站高压侧宜采用断路器较少的接线。因此本《导则》推荐高压侧电气主接线宜采用桥式、线变组接线，以减少投资。但应注意当采取桥式或线变组接线时应满足运行要求。同时为满足特定区域规划发展需求，如本地已有的接线模式已较为成熟，且针对改造方案的技术经济性更优时，可以继续沿用现有模式，避免大拆大建，造成投资浪费。

8.2.5 110 kV 和 220 kV 变电站的 35 kV 侧电气主接线主要采用单母线分段接线。

【释义】

本条为新增内容，对 110 kV 和 220 kV 变电站的 35 kV 侧电气主接线进行了规定。

35 kV 侧电气主接线分为单母线分段接线、双母线接线和单母线接线。

根据 GB 50059—2011《35 kV ~ 110 kV 变电站设计规范》3.2.4，35 kV ~ 66 kV 线路为 8 回及以上时，宜采用双母线接线。当前电网发展遵循"简化变压层次、避免重复降压"原则，因此 35 kV 电压等级逐渐弱化，一般不存在 8 回及以上出线。从技术角度讲，目前变电站的 35 kV 侧多为室内布置，双母线供电开关柜造价高、尺寸及技术要求高，不具备经济性，因此不推荐双母线接线。

8.2.6 110 kV ~ 35 kV 变电站 10 kV 侧电气主接线一般采用单母线分段接线或单母线分段环形接线，可采用 n 变 n 段、n 变 $n+1$ 段、$2n$ 分段接线。220 kV 变电站直接配出 10 kV 线路时，其 10 kV 侧电气主接线参照执行。

【释义】

本条为新增内容，推荐了 110 kV ~ 35 kV 变电站 10 kV 侧电气主接线。

根据 GB 50059—2011《35 kV ~ 110 kV 变电站设计规范》3.2.5，当变电站装有两台及以上主变压器时，6 kV ~ 10 kV 电气接线宜采用单母线分段，分段方式应满足当其中一台主变压器停运时，有利于其他主变压器的负荷分配的要求。

n 变 n 段为 1 台主变压器对应 1 段母线；n 变 $n+1$ 段为位于中间的主变压器低压侧采用分列式，可以在中间的主变压器故障时，将本变压器所供带的负荷由 2 段母线分别倒至相邻母线供电；$2n$ 分段接线一般为环形接线，每台主变压器对应 2 段母线，故障时可将 1 台主变压器的负荷分别倒至相邻母线供电。

8.3 中压配电网

8.3.1 各类供电区域中压配电网目标电网结构可参考表 7 确定，示意图参见附录 D。

表 7 中压配电网目标电网结构推荐表

线路类型	供电区域类型	目标电网结构
电缆网	A+、A、B	双环式、单环式
	C	单环式
架空网	A+、A、B、C	多分段适度联络、多分段单联络
	D	多分段单联络、多分段单辐射
	E	多分段单辐射

【释义】

依据各类供电区域供电安全水平要求和实际情况，给出推荐采用的电网结构：

（1）A+类供电区域因负荷密度高、上级电源点较多，且供电安全水平要求很高，10 kV 配电网应采用坚强的网架结构（如双环式、多分段适度联络等）。对于有特殊可靠性要求的区域，配电变压器可通过两个独立开关或一个双切换开关接入双环式接线的两条主干线路，实现双环之间的供电切换。

（2）A 类供电区域因负荷密度高、上级电源点较多，且供电安全水平要求高，10 kV 配电网应采用坚强的网架结构（如双环式、单环式、多分段适度联络等）。

（3）B、C 类供电区域因负荷较为集中，供电安全水平要求较高，10 kV 配电网应采用较强的网架结构（如多分段适度联络、多分段单联络、单环式等）。

（4）D 类供电区域因负荷分散、供电距离较远、上级电源点少，10 kV 配电网可根据实际情况采用多分段单联络、辐射状结构。

（5）E 类供电区域因负荷极度分散、供电距离远、上级电源点少，10 kV 配电网一般采用辐射状结构。

（6）除上述典型电网结构外，还存在双射式、对射式等过渡结构。各类供电区域内的电网可根据电网建设阶段、供电安全水平要求和实际情况，通过建设与改造，分阶段逐步实现推荐采用的电网结构。

在原《导则》基础上，架空网新增多分段单联络结构，辐射状改为多分段单辐射；B 类供电区域增加双环式结构。中压配电网目标电网结构调整情况见表 8-3、表 8-4。

表 8-3　　　　原《导则》中压配电网目标电网结构推荐

供电区域类型	目标电网结构
A+、A 类	电缆网：双环式、单环式
	架空网：多分段适度联络
B 类	架空网：多分段适度联络
	电缆网：单环式
C 类	架空网：多分段适度联络
	电缆网：单环式
D 类	架空网：多分段适度联络、辐射状
E 类	架空网：辐射状

表 8-4　　　　本《导则》中压配电网目标电网结构推荐

线路型式	供电区域类型	目标电网结构
电缆网	A+、A、B	双环式、单环式
	C	单环式

续表

线路型式	供电区域类型	目标电网结构
架空网	A+、A、B、C	多分段适度联络、多分段单联络
	D	多分段单联络、多分段单辐射
	E	多分段单辐射

8.3.2 网格化规划区域的中压配电网应根据变电站位置、负荷分布情况，以供电网格为单位，开展目标网架设计，并制定逐年过渡方案。

【释义】

本条为新增内容，开展网格化规划的区域，根据控制性详细规划，远景负荷和站址基本确定，已经具备构建目标网架的条件。根据区域内发展情况，项目建设时序可能会有变化，但是不应与目标网架冲突，且避免大拆大建。

8.3.3 中压架空线路主干线应根据线路长度和负荷分布情况进行分段（一般分为 3 段，不宜超过 5 段），并装设分段开关，且不应装设在变电站出口首端出线电杆上。重要或较大分支线路首端宜安装分支开关。宜减少同杆（塔）共架线路数量，便于开展不停电作业。

【释义】

提出中压架空线路开关装设情况的总体要求。

（1）中压架空主干线分段应以线路长度和负荷分布为依据。一般线路分段负荷应满足 7.2.1.a）供电安全准则要求，分段负荷不宜大于 2 MW。对于供电半径过长的线路，为缩小故障停电范围、便于故障隔离和恢复供电，应根据线路长度、负荷分布合理分段。

（2）中压架空线路主干线分段一般为 3 段，主要是考虑每个分段负荷最多 2 MW 的情况下线路不重载。分段数不能无限制增加，当分段多于 5 段时，增加分段对可靠性提升效果有限。变电站出口首端的分段开关属于无效分段。

（3）重要或较大分支线路首端宜安装分支开关，有利于缩小停电范围。

在原《导则》基础上，将"10 kV"修订为"中压"；"一般不超过5段"修订为"一般分为3段，不宜超过5段"，增加了"且不应装设在变电站出口首端出线电杆上"；"重要分支线路"修订为"重要或较大分支线路"，"分段开关"修订为"分支开关"；新增"宜减少同杆（塔）共架线路数量，便于开展不停电作业"。

8.3.4　中压架空线路联络点的数量根据周边电源情况和线路负载大小确定，一般不超过3个联络点。架空网具备条件时，宜在主干线路末端进行联络。

【释义】

本条为新增内容，明确了中压架空线路联络点的数量以及联络点位置的选择。

（1）线路联络点一般不超过3个，当实施馈线自动化时，有利于迅速判断故障段及转移负荷。联络点宜配置在不同分段上，既可简化电网结构，又可提高负荷转供能力。

（2）主干线路末端进行联络可提高负荷转供能力。

8.3.5　中压电缆线路宜采用环网结构，环网室（箱）、用户设备可通过环进环出方式接入主干网。

【释义】

明确了中压电缆线路的电网结构及设备接入方式。

（1）主干网供电可靠性高，重要节点环网室（箱）、用户设备应接入主环网。

（2）用户设备为配电室、箱式变压器，按DL/T 5729《配电网规划设计技术导则》定义分为环网型和终端型，环网型的用户设备可通过环进环出方式接入主干网。

在原《导则》基础上，本条将"10 kV"修订为"中压""可"修订为"宜"，"环网单元"修订为"环网室（箱）"，新增"用户设备"。

8.3.6 中压开关站、环网室、配电室电气主接线宜采用单母线分段或独立单母线接线（不宜超过 2 个），环网箱宜采用单母线接线，箱式变电站、柱上变压器宜采用线变组接线。

【释义】

本条为新增内容，提出配电设备电气主接线的总体要求。

中压开关站、环网室、配电室进出线路较多，可靠性要求较高，因此宜采用单母线分段或独立单母线接线，与电缆线路环入环出方式相适应，同时由于较少采用三回线路环网，因此独立母线不宜超过两段。

环网箱具有接入用户数量不多、占地较小、设置灵活的特点，主要应用于单环式接线，因此宜采用单母线接线。

终端型箱式变电站、柱上变压器通常只有单台变压器，对供电可靠性要求较低，因此宜采用线变组接线。

8.4 低压配电网

8.4.1 低压配电网以配电变压器或配电室的供电范围实行分区供电，一般采用辐射结构。

【释义】

对低压配电网供电原则与供电范围进行了定义，并指出相应电网结构形式。

220/380 V 配电网应实行分区供电的原则，220/380 V 线路应有明确的供电范围，一般采用辐射式结构。

在原《导则》基础上，本条明确指出 220/380 V 配电网的供电范围为配电变压器或配电室，并删除原导则中"低压配电网应结构简单、安全可靠"和"其设备选用应标准化"，明确区分电网结构与设备选型的内容，同时将导则中"宜采用辐射结构"改为"一般采用辐射结构"，强调辐射结构对低压配电网的适用性。

8.4.2 低压配电线路可与中压配电线路同杆（塔）共架。

【释义】

对低压配电线路与中压配电线路共架问题进行了规定，为低压配电网规划设计实际工作提供参照标准。

实际规划设计中，当低压架空线路与中压架空线路同杆架设时，出于安全角度考虑，不宜跨越中压分段开关区域。

8.4.3 低压支线接入方式可分为放射型和树干型，示意图参见附录E。

【释义】

本条为新增内容，明确指出 220/380 V 配电网支线接线方式，并绘制相应示意图。主要依据 DL/T 5542《配电网规划设计规程》。

220/380 V 配电网放射型支线接线方式见图 8-6，树干型支线接线方式见图 8-7。其中放射型多用于柱上变低压架空出线形式，树干型多用于箱式变电站或配电房低压电缆出线形式。

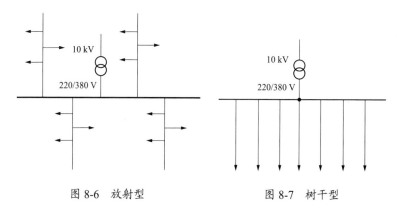

图 8-6 放射型   图 8-7 树干型

9 设备选型

【释义】

设备选型是落实配电网差异化规划和精准投资的关键环节。本章提出了设备选型的总体要求，按照资产全寿命周期管理理念，遵循标准化、序列化、差异化原则，给出分电压等级、分供电区域类型的设备选型相关技术原则。

9.1 一般要求

9.1.1 配电网设备的选择应遵循资产全寿命周期管理理念，坚持安全可靠、经济实用的原则，采用技术成熟、少（免）维护、节能环保、具备可扩展功能、抗震性能好的设备，所选设备应通过入网检测。

【释义】

从管理理念、技术水平、功能性能等方面明确了配电网设备选型应遵循的基本原则。

9.1.2 配电网设备应根据供电区域类型差异化选配。在供电可靠性要求较高、环境条件恶劣（高海拔、高寒、盐雾、污秽严重等）及灾害多发的区域，宜适当提高设备配置标准。

【释义】

差异化理念是配电网规划的基本原则，是实现配电网精准投资的重要前提。在推荐的差异化设备选型标准基础上，针对供电可靠性要求高、运行环境特殊的区域，宜适当提高设备配置标准。

9.1.3 配电网设备应有较强的适应性。变压器容量、导线截面、开关遮断容量应留有合理裕度，保证设备在负荷波动或转供时满足运行要求。变电站土建应一次建成，适应主变压器增容更换、扩建升压等需求；线路导线截面宜根据规划的饱和负荷、目标网架一次选定；线路廊道（包括架空线路走廊和杆塔、电缆线路的敷设通道）宜根据规划的回路数一步到位，避免大拆大建。

【释义】

明确了土建一次建成、导线截面一次选定、线路廊道一步到位的总体原则，避免重复改造，造成投资浪费。

9.1.4 配电网设备选型应实现标准化、序列化。同一市（县）规划区域中，变压器（高压主变压器、中压配电变压器）的容量和规格，以及线路（架空线、电缆）的导线截面和规格，应根据电网结构、负荷发展水平与全寿命周期成本综合确定，并构成合理序列，同类设备物资一般不超过 3 种。

【释义】

明确设备选型应标准化、序列化，同时要求同一市（县）规划区域内同类设备物资一般不超过三种，可以简化设备物料型号，提升设备通用互换性，提高配电网规划建设与运维管理的经济性。

9.1.5 配电线路优先选用架空方式，对于城市核心区及地方政府规划明确要求并给予政策支持的区域可采用电缆方式。电缆的敷设方式应根据电压等级、最终数量、施工条件及投资等因素确定，主要包括综合管廊、隧道、排管、沟槽、直埋等敷设方式。

【释义】

明确了配电线路采用电缆方式的限定条件，并给出了电缆的主要敷设方式。

9.1.6 配电设备设施宜预留适当接口，便于不停电作业设备快速接入。

【释义】

目前我国城市地区不停电作业化率逐年提升，部分重点城市施工检修不停电作业化率已经超过90%，针对不停电作业设备快速接入的需求，配电设备设施宜预留适当接口。

9.1.7 配电网设备选型和配置应考虑智能化发展需求，提升状态感知能力、信息处理水平和应用灵活程度。

【释义】

随着自动控制、信息通信、智能传感等先进技术的不断发展，通过数字化技术赋能不断提升配电网感知能力、互动水平和效率效益已成为必然趋势，因此配电网设备选型和配置时应充分考虑智能化发展需求，并且逐步向一、二次融合方向发展。

9.2 110 kV～35 kV 变电站

9.2.1 应综合考虑负荷密度、空间资源条件，以及上下级电网的协调和整体经济性等因素，确定变电站的供电范围以及主变压器的容量和数量。为保证充裕的供电能力，除预留远期规划站址外，还可采取预留主变压器容量（增容更换）、预留建设规模（增加变压器台数）、预留站外扩建或升压条件等方式，包括所有预留措施后的主变压器最终规模不宜超过4台。对于负荷确定的供电区域，可适当采用小容量变压器。各类供电区域推荐的变电站最终规模与容量配置如表8所示。

表8　各类供电区域变电站最终规模与容量配置推荐表

电压等级 kV	供电区域类型	变电站内主变压器 台数 台	单台容量 MVA
110	A+、A	3～4	63、50
	B	2～3	63、50、40
	C	2～3	50、40、31.5
	D	2～3	40、31.5、20
	E	1～2	20、12.5、6.3

续表

电压等级 kV	供电区域类型	变电站内主变压器 台数 台	单台容量 MVA
66	A+、A	3～4	50、40
	B	2～3	50、40、31.5
	C	2～3	40、31.5、20
	D	2～3	20、10、6.3
	E	1～2	6.3、3.15
35	A+、A	2～3	31.5、20
	B	2～3	31.5、20、10
	C	2～3	20、10、6.3
	D	1～3	10、6.3、3.15
	E	1～2	3.15、2

注1：表中的主变压器低压侧为 10 kV。
注2：A+、A、B 类供电区域中 31.5 MVA 变压器（35 kV）适用于电源来自 220 kV 变电站的情况。

【释义】

负荷密度、供电安全水平要求和短路电流水平等因素决定了变电站容量和台数的配置，本条明确了各类供电区域的变电站容量和台数配置，提出了保证变电站供电能力的相应措施。明确对于负荷确定的供电区域，可适当采用小容量变压器。对于负荷密度高或负荷增长较快的供电区域，若变电站布点困难，可选用大容量变压器以提高供电能力，并通过加强上下级电网联络来保障供电可靠性。此外，考虑到供电半径限制以及出线困难等原因，除个别地区外一般不采用 4 台主变压器配置方式。

9.2.2 应根据负荷的空间分布及其发展阶段，合理安排供电区域内变电站的建设时序。在规划区域发展初期，应优先变电站布点，可采取小容量、少台数方式；快速发展期，应新建、扩建、改造、升压多措并举；饱和期，应优先启用预留规模、扩建或升压改造，必要时启用预留站址。

【释义】

明确了不同发展阶段变电站建设的基本策略，实现对站址资源的高效利用。

9.2.3 变电站的布置应因地制宜、紧凑合理，在保证供电设施安全经济运行、维护方便的前提下尽可能节约用地，并为变电站附近区域供配电设施预留一定位置与空间。原则上，A+、A、B 类供电区域可采用户内或半户内站，根据情况可考虑采用紧凑型变电站；C、D、E 类供电区域可采用半户内或户外站，沿海或污秽严重等对环境有特殊要求的地区可采用户内站。

【释义】

节约用地是我国基本国策之一，应在保证供电设施安全经济运行、维护方便为前提的条件下，依靠科技进步，采用新技术、新设备、新材料、新工艺，或者通过技术革新，改造原有设备的布置方式，达到缩小用地、节约用地的目的，但也不能忽略供电设施必要的技术条件和功能需求，硬性压缩用地。此外，具备条件的变电站宜预留充换电站、数据中心站等位置。本条同时明确了不同类型供电区域变电站的建设型式。

9.2.4 原则上不采用地下或半地下变电站。在站址选择确有困难的中心城市核心区或国家有特殊要求的特定区域，在充分论证评估安全性的基础上，可新建地下或半地下变电站。

【释义】

考虑到安全性等因素，变电站建设原则上不采用地下或半地下变电站型式，重点明确了地下或半地下变电站的建设条件和要求。

9.2.5 应明确变电站供电范围，随着负荷的增长和新变电站站址的确定，应及时调整相关变电站的供电范围。

【释义】

合理清晰的变电站供电范围对于配电网规划、运行控制及运维管理具有重要意义。针对部分地区配电网存在的变电站供电范围交叉情况，提出随着负荷的增长或变电站新建，应及时调整相关变电站的供电范围，确保各变电站供电范围的合理性和适应性。

9.2.6 变压器应采用有载调压方式。

【释义】

明确了变压器应采用的调压方式，目前已普遍采用有载调压方式。

9.2.7 变压器并列运行时，其参数应满足相关技术要求。

【释义】

根据 GB/T 17468—2019《电力变压器选用导则》相关规定，变压器并列运行时主要应满足如下条件：

（1）联结组标号应一致，如不一致则可参考 GB/T 17468—2019《电力变压器选用导则》中附录 C 的要求进行联结。

（2）电压和电压比要相同，允许偏差也要相同（尽量满足电压比在允许偏差范围内），调压范围与每级电压也要相同。

（3）频率相同。

（4）短路阻抗相同，尽量控制在允许偏差范围±10%以内，还应注意极限正分接位置短路阻抗与极限负分接位置短路阻抗要分别相同。

（5）容量比在 0.5～3 之间。

9.3 110 kV～35 kV 线路

9.3.1 110 kV～35 kV 线路导线截面的选取应符合下述要求：

a）线路导线截面宜综合饱和负荷状况、线路全寿命周期选定。

b）线路导线截面应与电网结构、变压器容量和台数相匹配。

c）A+、A、B、C 类供电区域线路导线截面应按照安全电流裕度选取，并以经济载荷范围校核；D、E 类供电区域线路导线截面宜以允许压降为依据选取。

【释义】

线路导线截面选取应遵循全寿命周期理念，综合考虑近中期负荷与远期饱和负荷状况。此外为确保电网资源能力充分释放，线路导线截面应与电网结构、变压器容量和台数相匹配。对于 A+～C 类供电区域，因其负荷密度较高、上级电源点较多，线路输送距离较近，电压质量一般均能满足要求，此时重点关注的是线路的输送能力和转带互供能力。因此，线路导线截面选择应以安全裕度为主，用经济载荷范围校核。对于 D、E 类供电区域，因其负荷密度较低，线路的输送能力一般均能满足要求，但由于上级电源点较少，线路输送距离一般较远，此时重点关注的是线路的电压质量，因此应按允许压降选择线路导线截面。

9.3.2 A+、A、B 类供电区域 110（66）kV 架空线路导线截面不宜小于 240 mm^2，35 kV 架空线路导线截面不宜小于 150 mm^2；C、D、E 类供电区域 110 kV 架空线路导线截面不宜小于 150 mm^2，66 kV、35 kV 架空线路导线截面不宜小于 120 mm^2。

【释义】

明确了各类供电区域内的 110 kV～35 kV 架空线路导线截面的选型要求，具体的导线截面推荐如表 9-1 所示。

表 9-1　　　110 kV～35 kV 架空线路导线截面推荐表

电压等级	供电区域类型	导线截面面积 mm²
110 kV	A+、A 类	2×300、2×240、400、300
	B 类	2×240、400、300、240
	C 类	400、300、240、185
	D 类	300、240、185、150
	E 类	240、150
66 kV	A+、A 类	2×300、2×240、400、300、240
	B 类	2×300、2×240、400、300、240
	C 类	400、300、240、185
	D 类	185、150
	E 类	150、120
35 kV	A+、A 类	2×240、400、300、240、185
	B 类	序列 1：2×240、300、185 或序列 2：400、240、150
	C 类	240、185、150、120
	D 类	185、150、120
	E 类	150、120

注：2×300、2×240 表示双分裂导线。

9.3.3 110 kV～35 kV 线路跨区供电时，导线截面宜按建设标准较高区域选取。

【释义】

考虑到线路输送能力的衔接性，110 kV～35 kV 线路跨区供电时导线截面宜按建设标准较高区域选取。

9.3.4 110 kV～35 kV 架空线路导线宜采用钢芯铝绞线及新型节能导线，沿海及有腐蚀性地区可选用防腐型导线。

【释义】

明确了 110 kV～35 kV 架空线路的导线材质等选型要求。采用新型节能导线时应开展技术经济分析。

9.3.5 110 kV～35 kV 电缆线路宜选用交联聚乙烯绝缘铜芯电缆，载流量应与该区域架空线路相匹配。

【释义】

明确了各类供电区域内 110 kV～35 kV 电缆线路的选型要求，具体的导线截面推荐如表 9-2 所示。表中为铜芯电缆推荐截面，具体选型序列可结合标准物料与电网实际情况合理确定，同时尽可能精简同类地区的线路截面序列。电缆线路载流量应与该区域架空线路相匹配，以避免出现卡脖子问题。

表 9-2   110 kV～35 kV 电缆线路导线截面推荐表

电压等级	供电区域类型	导线截面面积 mm²
110 kV	A+、A	1200、1000、800、630、500
	B	1000、800、630、400
	C	630、400、300
	D、E	采用架空线路
66 kV	A+、A	1600、1200、800、500
	B	1200、800、500
	C	800、500
	D、E	采用架空线路
35 kV	A+、A	630、400、300
	B	630、400、300、240
	C	400、300、240
	D、E	采用架空线路

9.4 10 kV 配电线路

9.4.1 10 kV 配电网应有较强的适应性，主变压器容量与 10 kV 出线间隔数量及线路导线截面的配合可参考表 9 确定，并符合下列规定：

a）中压架空线路通常为铝芯，沿海高盐雾地区可采用铜绞线，A+、A、B、C 类供电区域的中压架空线路宜采用架空绝缘线。

b）表 9 中推荐的电缆线路为铜芯，也可采用相同载流量的铝芯电缆。沿海或污秽严重地区，可选用电缆线路。

c）35/10 kV 配电化变电站 10 kV 出线宜为 2 回～4 回。

表 9　主变压器容量与 10 kV 出线间隔及线路导线截面配合推荐表

110 kV～35 kV 主变压器容量 MVA	10 kV 出线间隔数	10 kV 主干线截面 mm²		10 kV 分支线截面 mm²	
		架空	电缆	架空	电缆
63	12 及以上	240、185	400、300	150、120	240、185
50、40	8～14	240、185、150	400、300、240	150、120、95	240、185、150
31.5	8～12	185、150	300、240	120、95	185、150
20	6～8	150、120	240、185	95、70	150、120
12.5、10、6.3	4～8	150、120、95	—	95、70、50	—
3.15、2	4～8	95、70		50	—

【释义】

提出了 10 kV 线路选型的基本原则，并明确了不同主变压器容量下的 10 kV 线路导线截面推荐选型。中压配电网由主干线、分支线和用户（电源）接入线组成，是配电网的核心和中坚，在正常运行时承担着电能配送的任务，故障或检修时承担着负荷转移的任务。中压主干线导线截面应首尾相同，有联络的中压分支线其功能视同中压主干线，也是负荷转移的通道，其导线截面选择应与中压主干线标准等同。为提升中压配电网的适应性，10 kV 线路导线截面选择宜根据饱和负荷、目标网架一次选定，避免后续重复改造。推荐表中主要根据主变压器容量及 10 kV 出线间隔给出了推荐的截面型号，实际执行时可根据本省内标准物料精简情况选取相应系列的导线截面，形成标准化、系列化的导线选型。

规划 A+、A、B、C 类供电区域、林区、严重化工污秽区，以及系统中性点经低电阻接地地区宜采用中压架空绝缘导线。一般区域采用耐候铝芯交联聚乙烯绝缘导线；沿海及严重化工污秽区域可采用耐候铜芯交联聚乙烯绝缘导线，铜芯绝缘导线宜选用阻水型绝缘导线；走廊狭窄或周边环境对安全运行影响较大的大跨越线路可采用绝缘铝合金绞线或绝缘钢芯铝绞线。

山区、河湖等区域较大跨越线路可采用中强度铝合金绞线、铜绞线或钢芯铝绞线等，沿海及严重化工污秽等区域的大跨越线路可采用铝锌合金镀层的钢芯铝绞线、或采用 B 级镀锌层、或采用防腐钢芯铝绞线等，空旷原野不易发生树木或异物短路的线路可采用裸铝绞线。

铜芯电缆与铝芯电缆相比除设备成本之外，通道资源和建设费用基本相同，但相同运行工况下，相同截面的铜芯电缆载流量约为铝芯电缆 1.29 倍，并在连接的可靠性及安全性方面具有优势，安全性要求较高的公共设施及特殊情况下应选用铜导体，详见 GB 50217—2018《电力工程电缆设计标准》条文说明第 3.1.2 条。铝导体容易蠕变，其表面暴露在空气中会迅速氧化，但近年来采用的铝合金技术，相对于普通铝导体在机械强度及抗蠕变等性能上得到较大提升，铝芯电缆具有较好的经济性，但由于相同载流量下铝芯电缆截面较铜芯电缆大，截面越大、弯曲半径等施工难度将越大，因此可综合考虑经济性、安全可靠性、施工难度等情况因地制宜选择铜芯或铝芯电缆，以获得最佳综合效益。

35 kV 配电化典型建设模式与技术原则可参考 Q/GDW 11019《农网 35 kV 配电化技术导则》。

9.4.2 10 kV 线路供电距离应满足末端电压质量的要求。在缺少电源站点的地区，当 10 kV 架空线路过长、电压质量不能满足要求时，可在线路适当位置加装线路调压器。

【释义】

强调了 10 kV 线路供电距离应以末端电压质量满足要求来校核。与原《导则》相比，本条删除了"原则上 A+、A、B 类供电区域供电距离不宜超过 3 km；C 类不宜超过 5 km；D 类不宜超过 15 km"的要求，主要是考虑到线路压降与负荷分布、挂接电源情况等因素密切相关，因此不再给出具体的供电距离数值控制要求。工程中，10 kV 线路应按照线路最末端不发生低电压来控制供电距离，在城市等负荷密集区，线路负载水平较高，供电距离应适当缩短；在农村负荷分散区域，线路负载水平较低，供电距离可适当延长。对于负荷分布较为均衡、电源接入少的区域，10 kV 线路供电距离仍可参考"A+、A、B 类供电区域供电距离不宜超过 3 km；C 类不宜超过 5 km；D 类不宜超过 15 km"来初步判定合理性。

规划时各类供电区域 10 kV 线路的供电距离可依据各类供电区域的负荷密度、10 kV 线路导线截面选取和线路压降要求等，通过计算确定。对于负荷集中于末端的线路，可采用下式计算线路的供电距离：

$$L = \frac{\Delta U\% \times U_N}{\alpha \times I \times (r_0 \cos\varphi + x_0 \sin\varphi)} \qquad (9\text{-}1)$$

式中：L ——线路长度，km；

$\Delta U\%$ ——线路电压允许偏差，%；

U_N ——线路额定电压，三相供电为线电压，单相供电为相电压，V；

I ——线路电流，三相供电为线电流，单相供电为相电流，A；

r_0 ——导线单位长度电阻，Ω/km；

x_0 ——导线单位长度电抗，Ω/km；

$\cos\varphi$ ——功率因数，$\sin\varphi = \sqrt{1-\cos^2\varphi}$；

α ——三相供电时取为 $\sqrt{3}$，单相供电时取为 2。

实际工程中，负荷多是沿线分布的，可以根据负荷的分布情况，将线路分成几个分段，每段近似认为负荷集中在该段末端，逐段按上式计算压降，再求和得到线路的总压降。

10 kV 线路调压器是一种串联在 10 kV 线路中，通过自动调节自身变比来实现动态稳定线路电压的装置，由三相自耦变压器、三相有载分接开关及控制器等构成，分为单向调压器和双向调压器两种类型。单向调压器输入端固定为电源侧，输出端固定为负荷侧，适用于单方向供电的 10 kV 线路；双向调压器具备对线路功率潮流方向自动识别功能，输入端和输出端可根据供电方式的需要而相互转换，适用于接入分布式电源、双向供电的 10 kV 线路。在缺少电源站点的地区，部分 10 kV 架空线路过长，线路中、后端电压质量往往不能满足要求，即使采取增加无功补偿、改变线路参数等措施，仍不能解决电压质量问题，而在线路上加装线路调压器是一种较为有效的方式。该方式在国外已普遍采用，近年来国内也取得了较为丰富的运行经验，线路调压器一般可配置在 10 kV 架空线路的 1/2 处或 2/3 处。目前，线路调压器型号主要有 1000、2000、4000 kVA 几种。

在电源（尤其是小水电）接入较多地区，可采用合理加装线路调压器、优化电源接入点等方式，避免出现季节性高、低电压。

9.5 10 kV 配电变压器

9.5.1 配电变压器容量宜综合供电安全性、规划计算负荷、最大负荷利用小时数等因素选定，具体选择方式应符合 DL/T 985 的相关规定。

【释义】

对配电变压器容量选择提出了原则性要求。强调配电变压器的容量选择应在满足供电安全性的基础上，以规划计算负荷为依据合理选择适宜的容量序列，以充分发挥配电变压器的容量能力，避免过度预留容量裕度导致配电变压器低效运行。当低压用电负荷时段性或季节性差异较大，平均负荷率比较低时，可选用有载调容变压器，具体要求见 Q/GDW 10731《10 kV 有载调容配电变压器选型技术原则和检测技术规范》；经技术、经济比选也可选择两台或多台变压器供电方式。

居民住宅小区用电负荷主要包括住宅用电负荷、公建设施用电负荷、配套商业用房用电负荷、电动汽车充电装置用电负荷。

（1）住宅小区用电总负荷计算宜采用需用系数法，用电容量按以下原则确定（需用系数推荐表见表9-3）：

a）建筑面积 60 m² 及以下的住宅，基本负荷需求按每户 6 kW 配置；

b）建筑面积 60 m² 以上、90 m² 及以下的住宅，基本负荷需求按每户 8 kW 配置；

c）建筑面积 90 m² 以上、140 m² 及以下的住宅，基本负荷需求按每户 10 kW 配置；

d）建筑面积 140 m² 以上的住宅，每增加 40 m²，基本负荷需求增配 2 kW；

e）别墅、低密度联排高档住宅可按实际需要确定用电容量，但不应低于上述 a）~ d）中的标准。

表9-3   需用系数推荐表

按单相配电计算时所连接的基本户数	按三相配电计算时所连接的基本户数	需用系数
1 ~ 3	3 ~ 9	0.9 ~ 1
4 ~ 8	12 ~ 24	0.65 ~ 0.9
9 ~ 12	27 ~ 36	0.5 ~ 0.65
13 ~ 24	39 ~ 72	0.45 ~ 0.5
25 ~ 124	75 ~ 372	0.4 ~ 0.45

按单相配电计算时所连接的基本户数	按三相配电计算时所连接的基本户数	需用系数
125～259	375～777	0.3～0.4
250～300	780～900	0.26～0.3

注 1：各地区可结合本地区经济社会发展水平适当调整需用系数。
注 2：住宅内用电设备的功率因数一般可按 0.9 计算。
注 3：变压器容量根据负荷测算结果配置，并考虑一定的配电变压器负载率，负载率宜取 0.8。

（2）住宅小区公建设施和配套商业用房应按实际设备容量计算用电负荷，实际设备容量不明确时，可采用负荷密度法计算，按 $90\ W/m^2$ ～ $150\ W/m^2$ 计算，具体可参照表 9-4 选取。

表 9-4　　住宅小区公建设施和配套商业用房负荷密度
及需用系数推荐表

类型	负荷密度（W/m²）	需用系数
住宅区内公建设施	40	—
住宅区内配套办公场所	100	0.7～0.8
住宅区内店面、会所等商业用房	120	0.85～0.9

（3）居民住宅小区内电动汽车快充装置按实际设备容量计算用电负荷，一般除电动汽车快速充电专用区域外，其他车位宜按慢充方式计算用电负荷，每个充电设施充电功率可按 8 kW 计算，并结合充电技术进步情况优化调整，需用系数根据历史运行经验选取。

非住宅小区低压电力用户用电容量即为该户接装在电能计量装置内的所有需用设备计算容量（kW）的总和，需用系数可参照同类性质用户按运行经验选取。

配电变压器容量选取案例：某城市居民小区准备安装 1 台某系列 10 kV 油浸式配电变压器，当前配电变压器高峰负荷约 400 kW，高峰负荷年增长率按 1%考虑，在 500 kVA、630 kVA、800 kVA 三种容量中，按照本《导则》可选择最经济配电变压器容量，选择步骤如下。

步骤1：确定相关技术经济参数。

a）根据所选择的配电变压器铭牌及报价，获得相关参数见表9-5。

表9-5　　　　　三种容量配电变压器的基本参数和价格

参数	单位	类型 A	类型 B	类型 C
配电变压器额定容量 S_e	kVA	500	630	800
额定空载损耗 P_0	kW	0.48	0.57	0.7
额定负载损耗 P_k	kW	5.41	6.2	7.5
额定空载电流 I_0	%	0.16	0.116	0.16
额定短路阻抗 U_k	%	4	4.5	4.5
购置费用 CI	元	73100	92000	112000
注：表中购置费用仅供参考，在实际工程中以厂方报价为准。				

b）确定相关经济参数，见表9-6。

表9-6　　　　　三种容量配电变压器的经济参数

参数	单位	类型 A	类型 B	类型 C
配电变压器额定容量 S_e	kVA	500	630	800
经济使用期 n	年	20		
贴现率 i	%	8.0		
售电单价 E_{es}	元/kWh	0.6		

c）根据用电性质和本企业情况，确定相关运行参数，确定的参数见表9-7。

表9-7　　　　　三种容量配电变压器的运行参数

参数	单位	类型 A	类型 B	类型 C
配电变压器额定容量 S_e	kVA	500	630	800

续表

参数	单位	类型 A	类型 B	类型 C
初始高峰负载 β_0	%	80	63.5	50
高峰负载年增长率 g	%	1.0		
年带电小时数 H_{py}	h	8760.0		
年最大负载利用小时数 t_{max}	h	2500		
年最大负载损耗小时数 τ	h	1874		
上级电网综合投资 C_{N0}	元/kW	3000		
无功经济当量 K_Q	kW/kvar	0.05		

步骤 2：分析计算。

a）根据下式计算现值系数 k_{pv} 为 9.8181。

$$k_{pv} = \frac{1-[1/(1+i)]^n}{i} \quad (9\text{-}2)$$

式中：k_{pv} ——贴现率为 i 的连续 n 年费用现值系数；

i ——年贴现率；

n ——配电变压器经济使用期年数。

b）计算配电变压器经济使用期的年负载等效系数 PL^2，见表 9-8。

表 9-8   三种容量配电变压器的年负载等效系数

参数	单位	类型 A	类型 B	类型 C
配电变压器额定容量 S_e	kVA	500	630	800
$PL^2=11.362\beta_0^2$	—	7.272	4.581	2.841

c）计算空载损耗等效初始费用系数 A 和负载损耗等效初始费用系数 B，见表 9-9。

表 9-9   三种容量配电变压器的系数 A 和系数 B 的计算

参数	单位	类型 A	类型 B	类型 C
配电变压器额定容量 S_e	kVA	500	630	800
系数 $A=k_{pv}E_{es}H_{pv}$	—	51603.9	51603.9	51603.9
系数 $B=E_{es}\tau PL^2$	—	8176.3	5151.4	3193.9

d）计算三种容量配电变压器的 TOC 值，见表 9-10。

表 9-10   三种容量配电变压器的 TOC 值

参数	单位	类型 A	类型 B	类型 C
配电变压器额定容量 S_e	kVA	500	630	800
C_N	元	13867	11076	9267
TOC	元	166211	174332	190396

注：C_N、TOC 计算公式详见 DL/T 985—2012《配电变压器能效技术经济评价导则》公式（1）和公式（9）。

步骤 3：根据计算结果，进行方案选择。

选用 500 kVA 的配电变压器最经济。

由于居民小区的负载特性决定了配电变压器最大负载利用小时数较低，配电变压器的综合经济性要由初始投资和空载损耗决定，应选用满足负载需要的容量较小的配电变压器。若本案例中调整为纺织企业，则其年最大负载利用小时数调整为 6000 h，年最大负载损耗小时值为 4546 h。依据非供电企业配电变压器经济使用期综合能效费用计算式，按最大需量交基本电费，其中单位电量电费 0.6 元/kWh，单位容量电费 20 元/（kVA·月），可计算得三种配电变压器的 TOC 值分别为 215746 元、207052 元、212993 元，则应选用 630 kVA 变压器。

9.5.2 10 kV 柱上变压器的配置应符合下列规定：

a）10 kV 柱上变压器应按"小容量、密布点、短半径"的原则配置，宜靠近负荷中心。

b）宜选用三相柱上变压器，其绕组联结组别宜选用 Dyn11，且三相均衡接入负荷。对于居民分散居住、单相负荷为主的农村地区，可选用单相变压器。

c）不同类型供电区域的 10 kV 柱上变压器容量可参考表 10 确定。在低电压问题突出的 E 类供电区域，亦可采用 35 kV 配电化建设模式，35/0.38 kV 配电变压器单台容量不宜超过 630 kVA。

表 10   10 kV 柱上变压器容量推荐表

供电区域类型	三相柱上变压器容量 kVA	单相柱上变压器容量 kVA
A+、A、B、C	≤400	≤100
D	≤315	≤50
E	≤100	≤30

【释义】

对 10 kV 柱上变压器的配置要求做出了规定，并给出了各类供电区域内柱上变压器的推荐容量。

10 kV 柱上变压器按"小容量、密布点、短半径"布置，有利于配电变压器尽量靠近负荷中心，并保证末端电压质量满足要求，同时也有利于尽量提升变压器的利用效率水平。配电变压器安装位置应居于负荷中心或重要负荷附近，同时应尽量避开车辆、行人较多的场所，便于更换和检修设备。对于人口密集的城市中心区，以电缆建设型式为主的，一般不采用柱上变压器的建设型式。

兼顾供电需求、柱上变建设落点等因素，宜优先选择三相柱上变压器建设型式，同时三相负荷应均衡接入，避免单相负荷过大导致末端供电低电压等问题。三相柱上变压器容量序列为 30 kVA、50 kVA、100 kVA、160 kVA、200 kVA、315 kVA、400 kVA，在选型时可结合各省标准物料精简情况，按照对应供电区域的推荐上限按需选择。

单相柱上变压器容量序列为 30 kVA、50 kVA、80 kVA、100 kVA。从技术经济性上看，单相配电方式在负荷密度低、负荷分散等条件下具有一定优势，在无三相动力电需求的区域，以下情况可以考虑采用单相柱上变压器：

（1）用户分散或者呈团簇式分布区域，地形狭窄或狭长的区域。

（2）纯单相负荷的农村居住区。

（3）城镇低压供电系统需改造的老旧居住区。

（4）单相供电的公共设施负荷，如路灯。

（5）其他一些具有特别条件的区域。

此外，对超过 10 kV 线路供电延伸范围，且负荷点距离 35 kV 电源点较近的偏远地区（主要存在于 E 类供电区域），可采用 35 kV/0.38 kV 配电化建设模式，即由 35 kV/0.38 kV 配电变压器直接向低压用户供电。35 kV 配电化包括 35/10 kV 配电化变电站、35 kV 配电化线路和 35/0.38 kV 直配台区三种，本条中提到的 35 kV 配电化建设模式即指 35/0.38 kV 直配台区模式，通过将 35 kV 线路延伸至负荷中心，采用 35/0.38 kV 配电变压器供电，简化变电层级，有效降低线路损耗，提升供电能力，解决低电压问题。

配电变压器选型，对于居民住宅、医院、学校、机关、科研单位等对噪声敏感供电区域，宜采用普通硅钢片变压器；城市照明、小型商铺、餐饮等用户以及乡镇、农村等非噪声敏感供电区域，无季节性突增负荷的，可结合安装环境优先采用非晶合金配电变压器。

9.5.3 10 kV 配电室一般配置双路电源，10 kV 侧一般采用环网开关，220/380 V 侧为单母线分段接线。变压器绕组联结组别应采用 Dyn11，单台容量不宜超过 800 kVA，宜三相均衡接入负荷。

【释义】

根据 GB 51348—2019《民用建筑电气设计标准》中的规定：变

压器低压侧电压为 0.4 kV 时，单台变压器容量不宜大于 1250 kVA。户外预装式变电所采用干式变压器时，单台变压器容量不宜大于 800 kVA，采用油浸式变压器时，单台变压器容量不宜大于 630 kVA。

根据《国家电网有限公司配电网工程典型设计》（2021 版），配电室典型设计有 5 个方案（如表 9-11 所示），配电室内配置 2 台或 4 台配电变压器，为保障供电可靠性，一般要求配电室配置双路电源，配电室规模较大、配置 4 台配电变压器时也可采用 4 路电源进线。

表 9-11　　　　　　10 kV 配电室典型设计技术方案组合

方案	电气主接线	10 kV 进出线回路数	变压器类型	主要设备选择
PB-1	单母线	2 回进线，2 回馈出线	油浸式 2×630	环网单元
PB-2			干式 2×800	
PB-3	单母线分段（两个独立单母线）	2 进（4 进），2 回~12 回馈出	油浸式 2×630	环网单元
PB-4			干式 2×800	
PB-5			干式 4×800	

10 kV 配电室变压器绕组联结组别宜选用 Dyn11，根据 GB 50053—2013《20 kV 及以下变电所设计规范》的规定：Dyn11 接线组别的变压器与 Yyn0 接线的变压器相比具备以下优点：一是 $3n$ 次谐波电流可在变压器一次侧环流，有利于抑制谐波电流对电网的影响；二是降低了零序阻抗，提高了单相接地故障的保护灵敏度，有利于单相接地故障排除；三是 Yyn0 接线变压器的中性线电流不应超过低压绕组额定电流的 25%，而 Dyn11 接线组别的变压器不受此限制。

10 kV 配电室变压器宜三相均衡接入负荷，即保持三相负荷基本平衡，可降低线损、保护中性线、平衡三相电压，有利于设备安全经济运行。

相比于油浸式变压器采用油作为冷却介质，干式变压器依靠空气对流进行冷却，没有渗漏的风险，且基本上没有燃烧爆炸的风险，所以经常用在室内及防火要求较高的场所。

9.5.4 10 kV箱式变电站仅限用于配电室建设改造困难的情况，如架空线路入地改造地区、配电室无法扩容改造的场所，以及施工用电、临时用电等，一般配置单台变压器。变压器绕组联结组别应采用 Dyn11，容量不宜超过 630 kVA。

【释义】

对10 kV箱式变电站的配置要求做出了规定。强调了箱式变电站宜限制使用，主要是考虑到箱式变电站内部空间较小、散热差，在温差较大地区易受凝露影响泄漏电流大大增加，造成绝缘击穿。因此，在空间足够、具备落点条件地区，优先选择配电室或柱上变压器建设方式。箱式变电站分为美式箱式变电站和欧式箱式变电站两种，目前美式箱式变电站采用线变组接线方式，空间较为紧凑；欧式箱式变电站采用单母线接线方式，空间相对较大，基于安全性考虑优先采取欧式箱式变电站。箱式变电站位置选取同样需要满足防台风、洪涝要求。

9.6　10 kV配电开关

9.6.1 柱上开关的配置应符合下列规定：

a）架空线路一般采用柱上负荷开关作为分段、联络开关，长线路后段（超出变电站过流保护范围）、大分支线路首端、用户分界点处宜采用柱上断路器，并上传动作信号。

b）规划实施配电自动化的地区，所选用的开关应满足自动化改造要求，并预留自动化接口。

c）宜逐步推广免维护、模块化的一次、二次融合柱上开关。

【释义】

对10 kV柱上开关的配置要求做出了规定。10 kV柱上开关主要有负荷开关和断路器两种，负荷开关是介于断路器和隔离开关之间的一种开关电器，具有简单的灭弧装置，能切断额定负荷电流和一定的过载电流，但不能切断短路电流，因此主要用于开断和关合负荷电流，也可以将负荷开关与熔断器配合使用代替断路器；断路器是能够关合、承载和开断正常回路条件下的电流，并能在规定的时间内承载和开断异常回路条件（包括短路条件）下电流的开关装置。断路器一般需要保护配合，造价相较负荷开关略高。基于二者区别，一般分段、联络开关选用负荷开关，在长线路后段、大分支线路首端、用户分界点等需要开断短路电流的位置，选用断路器。柱上开关宜采用体积小、防尘防潮性能好、具有防止涌流误动的负荷开关或断路器，采用断路器时开断容量满足短路电流要求。随着配电网智能化建设水平的逐步提升，在规划实施配电自动化的区域，开关设备可根据各地区自动化配置要求，差异化选用一、二次融合成套开关设备。

9.6.2 开关站的配置应符合下列规定：

a）开关站宜建于负荷中心区，一般配置双电源，分别取自不同变电站或同一座变电站的不同母线。

b）开关站接线宜简化，一般采用两路电源进线、6 回～12 回出线，单母线分段接线或两段独立母线，出线断路器带保护。

【释义】

对开关站的配置要求做出了规定。开关站的定位主要是在负荷中心区作为变电站 10 kV 母线的延伸，起到分配负荷的作用，尤其在专线负荷小、接入需求较多的区域，采用开关站供电可以有效解决变电站 10 kV 间隔不足、小容量专线接入过多导致主变压器容量无法充分利用问题。根据《国家电网有限公司配电网工程典型设计》（2021 版），开关站典型设计有 2 个方案（如表 9-12 所示），10 kV 侧采用单母线分段或三分段接线。为大中型小区供电的开关站，也有较多采用两段独立母线的建设型式。为保障开关站供电可靠性，强调开关站电源进线一般应满足双电源要求，并优先考虑来自不同变电站，同时按配电自动化要求设计。

表 9-12 　　　　　　10 kV 开关站典型设计技术方案组合

方案	电气主接线	10 kV 进出线回路数	设备选型
KB-1	单母线分段（两个独立单母线）	2 进（4 进），6 回~12 回馈线	金属铠装移开式或气体绝缘金属封闭式
KB-2	单母线三分段	4 进，6 回~12 回馈线	金属铠装移开式

9.6.3 根据环网室（箱）的负荷性质，10 kV 供电电源可采用双电源，或采用单电源，一般进线及环出线采用负荷开关，配出线根据电网情况及负荷性质采用负荷开关或断路器。

【释义】

对环网室（箱）的配置要求做出了规定。对于串接在 10 kV 主干线上作为分段点、联络点或为重要用户供电的环网室（箱），中压供电电源应采用双电源；对于直接供电用户、对可靠性没有特殊要求的环网室（箱），中压供电电源可采用单电源。一般情况下，为了避免越级跳闸，环网室（箱）的进线及环出线采用负荷开关，配出线根据电网情况及负荷性质采用负荷开关或断路器。出于减少设备类型、便于管理和维护需要，当环网室（箱）进线及环出线采用断路器时，宜退出保护功能（作为负荷开关使用）。

9.7　低压线路

9.7.1 220/380 V 配电网应有较强的适应性，主干线截面应按远期规划一次选定。各类供电区域 220/380 V 主干线路导线截面可参考表 11 确定。

表 11 　　　　　　220/380 V 线路导线截面推荐表

线路类型	供电区域类型	主干线截面 mm²
电缆线路	A+、A、B、C	≥120
架空线路	A+、A、B、C	≥120
	D、E	≥50
注：表中推荐的架空线路为铝芯，电缆线路为铜芯。		

【释义】

对低压主干线选型提出原则性要求，并明确了不同供电区域架空、电缆线路的导线截面推荐选型。低压主干线包括配电变压器低压侧至综合配电箱的低压引线电缆和配电变压器低压分路出线，低压主干线截面应按远期配电室或配电变压器台架最终装设的配电变压器容量和主干出线回路数，测算最大工作电流来选取，避免后续配电变压器增容重复改造。导线截面选择应系列化，同一规划区内主干线导线截面不宜超过 3 种。

需要注意，表 11 中推荐的架空线路为铝芯，电缆线路为铜芯。电缆线路也可以采用相同载流量的铝芯，采用铝芯电缆时，应符合 GB 50217《电力工程电缆设计规范》的相关规定。

9.7.2 新建架空线路应采用绝缘导线，对环境与安全有特殊需求的地区可选用电缆线路。对原有裸导线线路，应加大绝缘化改造力度。

【释义】

强调了低压架空线路的绝缘化建设要求。考虑到人身触电安全风险问题，新建低压架空线路应采用绝缘导线，原有裸导线应加大绝缘化改造力度。对于低压电缆的选用，一般满足以下要求：

（1）成片开发的多层住宅小区、负荷密度大的区域、市政环境需要的地段，其低压供电应采用低压电缆。

（2）中压配电网采用电缆供电的地区，其低压配电网宜采用电缆供电。

9.7.3 220/380 V 电缆可采用排管、沟槽、直埋等敷设方式。穿越道路时，应采用抗压力保护管。

【释义】

提出了低压电缆线路的敷设方式要求。电缆敷设方式应根据工程条件、环境特点和电缆类型、数量等因素，按照满足运行可靠、便于维护、技术经济合理的原则选择。敷设方式分为直埋、排管敷设、电缆沟敷设、隧道、综合管廊、桥梁和水下七种。

（1）直埋方式：是最经济和简便的方式，适用于人行道、公园绿化地带及公共建筑间的边缘地带，同路径敷设电缆条数在4条及以下时宜优先采用此方式。对于存在化学腐蚀或杂散电流腐蚀的土壤，不得采用直埋敷设。

（2）排管敷设方式：适用于同路径电缆数较多、地面有机动负载的通道。开挖排管宜选用玻璃纤维增强塑料电缆管、改性聚丙烯塑料波纹管、纤维水泥（海泡石）电缆管或热镀塑钢管等，内径不应小于150 mm，排管选用应满足散热及耐压要求。在少许无法施工开挖作业的地段（穿越高速公路、铁路、繁华路段或其他障碍物等）应采用非开挖穿管敷设方式，非开挖拉管宜选用MPP改性聚丙烯塑料电缆管。

（3）电缆沟道敷设方式：适用于电缆不能直接埋入地下且地面无机动负载的通道，电缆沟可根据实际情况按照双侧支架或单侧支架建设，电缆沟一般采用明沟盖板。当需要封闭时应考虑电缆敷设及管理的方便。沟道排水应顺畅、不积水。

实际应用时，一般以排管敷设方式为主。

9.7.4 220/380 V 线路应有明确的供电范围，供电距离应满足末端电压质量的要求。

【释义】

强调了低压线路的供电范围及供电距离要求。低压线路供电范围应清晰，不交叉供电，供电距离应满足最末端用户不发生低电压。各类供电区域 220/380 V 线路的供电距离可综合考虑各类供电区域用电水平、220/380 V 线路导线截面和压降要求等因素，通过计算确定。与原《导则》相比，本条删除了"原则上 A+、A 类供电区域供电半径不宜超过 150 m，B 类不宜超过 250 m，C 类不宜超过 400 m，

D 类不宜超过 500 m"的要求，主要是考虑到线路压降与负荷分布密切相关，因此不再给出具体的供电距离数值控制要求。工程中，对于负荷分布较为均衡区域，低压线路供电距离仍可参考"原则上 A+、A 类供电区域供电半径不宜超过 150 m，B 类不宜超过 250 m，C 类不宜超过 400 m，D 类不宜超过 500 m"来初步判定合理性。

9.7.5 一般区域 220/380 V 架空线路可采用耐候铝芯交联聚乙烯绝缘导线，沿海及严重化工污秽区域可采用耐候铜芯交联聚乙烯绝缘导线，在大跨越和其他受力不能满足要求的线段，可选用钢芯铝绞线。

【释义】

对低压架空线路导线选型提出了要求。强调低压架空线路应对恶劣气候条件有一定抵抗能力，在沿海污秽、大跨越等防污闪、受力有特殊要求的线段，选型应防止断线。

9.8　低压开关

9.8.1 低压开关柜母线规格宜按终期变压器容量配置选用，一次到位，按功能分为进线柜、母联柜、馈线柜、无功补偿柜等。

【释义】

对低压开关柜的母线规格选择作出了规定。强调低压开关柜母线规格宜按远期最终装设的配电变压器容量一次配置到位，避免重复改造。

9.8.2 低压电缆分支箱结构宜采用元件模块拼装、框架组装结构，母线及馈出均绝缘封闭。

【释义】

对低压电缆分支箱的选型要求作出了规定。出于安全性考虑，强调低压电缆分支箱应做好绝缘密封。

9.8.3 综合配电箱型号应与配电变压器容量和低压系统接地方式相适应，满足一定的负荷发展需求。

【释义】

对综合配电箱的选型要求作出了规定。100 kVA 及以上的变压器应加装综合配电箱，对配电变压器进行监控、补偿、保护。

低压综合配电箱外形尺寸按照 1350 mm×700 mm×1200 mm 设计，空间满足 400 kVA 及以下容量变压器 1 回进线、3 回馈线、计量、无功补偿、配电智能终端等功能模块安装要求。对于用 10 m 等高杆的农村、山区，低压综合配电箱尺寸选用 800 mm×650 mm×1200 mm，空间满足 200 kVA 及以下容量配电变压器 1 回进线、2 回馈线、计量、无功补偿、配电智能终端等功能模块安装要求，配电智能终端需满足线损统计需求，实现双向有功功率计算功能。箱体外壳优先选用不锈钢材料，也可选用纤维增强型不饱和聚酯树脂材料（SMC）。

综合配电箱型号根据配电变压器终期容量和低压系统接地方式选择，并采用适度以大代小原则配置，200 kVA ~ 400 kVA 变压器按 400 kVA 容量配置，无功补偿按 120 kvar 配置，配置方式为共补（3×10+3×20）kvar，分补（10+20）kvar；200 kVA 以下变压器按 200 kVA 容量配置，无功补偿不配置或按 60 kvar 配置，配置方式为共补（5+2×10+20）kvar，分补（5+10）kvar。对于有三相不平衡问题的台区，可在外形尺寸为 1350 mm×700 mm×1200 mm 的综合配电箱装设 SVG 单元或 SVG+智能电容（分补）单元代替传统无功补偿单元。

10 智能化基本要求

【释义】

智能化是改造传统电网、推动能源互联互通、提升供电服务品质的核心手段，本章主要从感知终端配置、通信方式选取、业务系统应用、信息安全防护等角度明确了配电网智能化的基本要求和技术规定。

10.1 一般要求

10.1.1 配电网智能化应采用先进的信息、通信、控制技术，支撑配电网状态感知、自动控制、智能应用，满足电网运行、客户服务、企业运营、新兴业务的需求。

【释义】

配电网智能化应能支撑电网生产，创新客户服务，助力企业运营，服务新兴产业。其中，支撑电网生产主要包括电网运行控制、设备状态监测、运行环境监测、电网智能巡检等。创新客户服务主要包括智能电能表、"多表合一"采集、智能化自助终端等。助力企业运营主要包括企业级人力资源服务、智慧共享财务价值生态、现代（智慧）供应链、智慧工地等。服务新兴业务主要包括综合能源服务、"多站融合"、智慧灯杆、智能家居/楼宇/社区（园区）、车联网等。

10.1.2 配电网智能化应适应能源互联网发展方向，以实际需求为导向，差异化部署智能终端感知电网多元信息，灵活采用多种通信方式满足信息传输的可靠性和实时性，依托统一的企业中台和物联管理平台实现数据融合、开放共享。

【释义】

智慧物联体系是实现电网向能源互联网升级的必要物质基础，

配电网智能化重点构建覆盖"源—网—荷—储"侧各环节的电力物联网。国家电网有限公司智慧物联体系由感知层、网络层、平台层和应用层构成（图 10-1）。

感知层：结合实际业务需求、投资规模、建设区域特点等因素，因地制宜部署感知设备，按需实现"源—网—荷—储"侧信息的广泛采集、精准感知、智能交互。

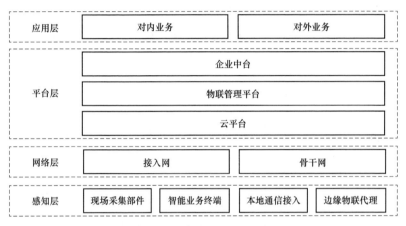

图 10-1　智慧物联体系总体架构

网络层：指远程通信网络，主要包含电力光通信网络、无线公网和无线专网，实现信息高速、可靠传输和灵活接入。

平台层：包含云平台、物联管理平台和企业中台，实现 IT 基础资源统筹管理和高效利用、全网物联管理、数据全局共享、技术创新共享与共性业务支撑。

其中，企业中台是基于云平台构建的企业级数字能力共享平台，包含业务中台、数据中台、技术中台三部分，实现跨业务能力复用、数据融通共享、技术能力共享，支持前端应用快速、灵活搭建，支撑业务快速发展、敏捷迭代、按需调整，助力推进配电网高质量发展。

物联管理平台是智慧物联体系的基础支撑平台，对上通过标准化接口向企业中台、业务应用系统等提供服务；对下以标准物联网协议或电力专用物联网协议，与边缘物联代理、智能业务终端等进行交互，实现各类终端的统一接入和管理。

云平台可基于云计算、虚拟化、容器等技术，提供计算、网络和存储基础资源和能力，提供资源虚拟化、存储规范化、应用微服务化等服务，实现配电网基础支撑平台的全面云化与平台化，满足资源按需供给、应用快速发布部署、弹性伸缩、跨域协同计算、故障自愈、开发运维一体化、多租户等需求。

应用层：包含对内业务、对外业务，适应调度运行、电网生产及营销服务等业务发展需求，实现业务智能、移动应用和能力开放。

10.1.3 配电网智能化应遵循标准化设计原则，采用标准化信息模型与接口规范，落实公司信息化统一架构设计、安全防护总体要求。

【释义】

配电网智能化坚持统一技术标准、规范数据模型，坚持源端数据统一采集、多专业共享共用，坚持统一通信网络建设标准、支持能源互联网发展，坚持功能部署多级协同、协调贯通。

公共信息模型（CIM，common information model）是依据 IEC 61968《电力企业应用集成 配电管理的系统接口》/ IEC 61970《能量管理系统应用程序接口》规范为基础设计的统一、标准、开放的电网信息模型。CIM 提供一种标准化方法，把电力系统资源描绘为对象类、属性以及它们之间的关系，为各个应用提供了与平台无关的统一的电力系统信息逻辑描述，以满足配电网智能化的数据应用需求。在实际应用中为了满足业务需求，还需在 CIM 规范基础上进行扩展。信息模型可参考 GB/T 30149《电网通用模型描述规范》、Q/GDW 10703《国家电网有限公司公共信息模型（SG-CIM）》。信息接口可参考 Q/GDW 11417《统一权限平台接口规范》。

国家电网有限公司信息化统一架构主要分为业务架构、应用架构、数据架构、技术架构、安全架构。

10.1.4 配电网智能化应采用差异化建设策略,以不同供电区域供电可靠性、多元主体接入等实际需求为导向,结合一次网架有序投资。

【释义】

A+、A、B、C、D、E 类不同供电区域的供电可靠性要求不同,对馈线自动化的依赖度也不同。东部、西部、城市、农村电网资源禀赋、地理环境存在差异,分布式电源、储能、可调节负荷分布及规模不同,对配电网智能化的建设需求也不同。因此,在现行技术标准基础上,结合不同供电区域供电可靠性、多元主体接入等实际需求,差异化确定配电网智能化建设目标、技术原则、建设重点,紧密结合一次网架建设情况,合理满足不同区域发展和各类用户的用电需求。

10.1.5 配电网智能化应遵循统筹协调规划原则。配电终端、通信网应与配电一次网架统筹规划、同步建设。对于新建电网,一次设备选型应一步到位,配电线路建设时应一并考虑光缆资源需求;对于不适应智能化要求的已建成电网,应在一次网架规划中统筹考虑。

【释义】

新建和改造一次网架时,应根据 A+、A、B、C、D、E 类不同供电区域的供电可靠性要求,结合级差保护配置、"三遥"节点部署,合理选择开关类型(断路器、负荷开关等),预留光缆通道资源。一、二次设备的规划建设应统筹协调,防止短期内因一次设备不满足二次要求,进行重复改造投资。

10.1.6 配电网智能化应遵循先进适用原则,优先选用可靠、成熟的技术。对于新技术和新设备,应充分考虑效率效益,可在小范围内试点应用,经技术经济比较论证后确定推广应用范围。

【释义】

配电网智能化坚持先进适用,有序实施,优选先进、成熟、适用技术。对于覆盖范围广、投资需求高的新技术和新设备,应以小范围试点示范为基础，在充分评估论证技术经济性和成本效益的基础上，确定推广应用的范围，按照"试点先行、规模示范、成熟推广"的原则科学有序推进智能化技术的迭代发展。

10.1.7 配电网智能化应贯彻资产全寿命周期理念。落实企业级共建、共享、共用原则，与云平台统筹规划建设，并充分利用现有设备和设施，防止重复投资。

【释义】

目前国家电网有限公司数字化系统建设均应遵循统一平台的原则，管理信息大区和互联网大区新建业务系统，应统一纳入企业级云平台，落实企业级共建、共享、共用原则。

存量业务系统可根据情况统一纳入企业级云平台，并充分利用现有设备和设施。上云业务系统宜采用容器化部署方式，不具备改造条件时可采用虚拟机部署上云。

10.2 配电网智能终端

10.2.1 配电网智能终端应以状态感知、即插即用、资源共享、安全可靠、智能高效为发展方向，统一终端标准，支持数据源端唯一、边缘处理。

【释义】

配电网智能终端通过通信网络完成相互之间以及与配电主站的信息交互，应采用统一的信息模型、信息交换模型、映射机制，实现配电终端自描述、自发现、自注册的即插即用功能（plug and play，P&P），从而减少配置调试与维护工作量，解决大量配电终端的快速正确接入问题。

数据源端唯一主要是指同类数据采用同一源端采集，一是防止终端重复建设，二是防止数据和业务不能融会贯通，形成信息孤岛。

边缘处理主要应用边缘物联代理实现该功能。边缘物联代理指部署在区域现场（如配电站房、变电站等）的智能终端装置，具备边缘计算、通信协议适配、统一数据模型、安全准入等功能，实现一定区域内不同类型终端采集数据在感知层的汇聚共享和处理计算，大幅减少感知层向平台层的大量数据传递对网络层、平台层的冲击，支撑业务就地处理和区域能源自治。

边缘物联代理的实际部署方案和应用模式（包括部署位置、独立/嵌入模式）应结合具体业务场景设计。边缘物联代理分为边端分离型、边端融合型、边缘节点型三种，其定义如下：

（1）边端分离型：边缘物联代理是硬件平台化、软件容器化的通用装置，不配置采集感知功能，主要适用于配电台区、配电房、变电站和综合能源等。

（2）边端融合型：边缘物联代理以模块或芯片方式集成至采集终端，采集终端升级为具有边缘计算功能的智能终端，主要适用于配电台区。

（3）边缘节点型：边缘物联代理以软件形态部署在通用服务器架构，形成边缘计算节点，主要部署于配电房、变电站等的服务器内。

10.2.2 配电网智能终端应按照差异化原则逐步覆盖配电站室、配电线路、分布式电源及电动汽车充电桩等配用电设备，采集配电网设备运行状态、电能计量、环境监测等各类数据。

【释义】

配电网智能终端应满足电网运行、客户服务、企业运营、新兴业务四方面需求，按照统一部署原则，实现信息全面采集、状态全息感知，主要包含电网运行及设备状态（含电气量、设备本体状态）、环境监测、视频监视前端采集装置，各类配电自动化终端，智能巡检机器人，智能电能表，分布式电源、储能设施、电动汽车充换电设施监控终端等。

10.2.3 110 kV～35 kV 变电站应按照 GB 50059、GB/T 51072 的要

求配置电气量、设备状态监测、环境监测等智能终端。

【释义】

110 kV～35 kV 变电站按照 GB 50059《35 kV～110 kV 变电站设计规范》、GB/T 51072《110（66）kV～220 kV 智能变电站设计规范》和 DL/T 5103《35 kV～220 kV 无人值班变电站设计技术规程》的要求配置测控、录波、计量、设备状态监测、环境监测、安防监控等业务终端。

（1）运行控制终端。面向变电站部署合并单元、智能终端、合智一体等运行控制终端，实现变电站电压、电流、断路器、隔离开关、接地开关状态信息等的数字化信息采集。应用反映隔离开关、接地开关及开关柜电动手车位置的微动开关，推进"一键顺控"功能应用部署。

（2）一次设备监测终端。对于存在运行缺陷和特别重要的 110（66）kV 电压等级油浸式变压器可配置油中溶解气体在线监测单元。

（3）环境监测终端。二次设备室、开关室、独立通信机房等重要设备间宜每个房间配置 1 套温湿度传感器。电缆层、电缆沟等电缆集中区域可配置水浸传感器。GIS 室、SF_6 断路器开关柜室等存在 SF_6 泄漏隐患的设备室应配置 SF_6 泄漏传感器。

主变压器区域、10 kV 及以上配电装置区域、二次设备室、主控楼门厅宜配置高速球摄像机，全站宜配置 1 台全景摄像头（可带红外摄像功能）。逐步建立以高清视频探头为主要巡检终端的智能巡检体系，通过感知终端进行图像、视频、红外、音频等基础数据样本采集。

10.2.4 110 kV～35 kV 架空线路在重要跨越、自然灾害频发、运维困难的区段，可配置运行环境监测智能终端。

【释义】

110 kV～35 kV 架空线路运行环境监测智能终端可参照 Q/GDW

11526《架空输电线路在线监测设计技术导则》，架空线路运行环境监测主要包括气象、导线温度、微风振动、覆冰、舞动、弧垂、风偏、现场污秽度、杆塔倾斜、图像视频监控等监测终端。

10.2.5　配电自动化终端宜按照监控对象分为站所终端（DTU）、馈线终端（FTU）、故障指示器等，实现"三遥""二遥"等功能。配电自动化终端配置原则应满足 DL/T 5542、DL/T 5729 要求，宜按照供电安全准则及故障处理模式合理配置，D、E 类地区分布式电源较多时宜适当增加"二遥"终端，监测线路电流、电压、有功、无功及开关位置等信息。各类供电区域配电自动化终端的配置方式见表 12。

表 12　　　　　　　配电自动化终端配置方式

供电区域类型	终端配置方式	
	常规地区	分布式电源较多地区
A+	"三遥"为主	
A	"三遥"或"二遥"	
B	"二遥"为主，联络开关和特别重要的分段开关也可配置"三遥"	
C	"二遥"为主，如确有必要经论证后可采用少量"三遥"	
D	基本型"二遥"为主	"二遥"为主
E	基本型"二遥"为主	"二遥"为主

【释义】

本《导则》提出配电自动化终端宜按照供电安全准则及故障处理模式合理配置，故障处理模式包含馈线自动化（集中式、智能分布式、就地型重合式）与故障监测方式，DTU、FTU 除"二遥""三遥"功能外，还可集成继电保护、智能分布式、就地重合式功能。

配电网故障处理通常采用继电保护与配电自动化相结合的方式实现，利用继电保护快速切除故障，利用配电自动化实现故障定位、隔离及恢复非故障区域供电，其中"二遥"终端的配置主要为满足故障定位的要求，"三遥"终端的配置主要为满足非故障区域故障恢复时间的要求。继电保护属于设备级就地保护，配电自动化属于系统级自动化体系范畴，二者相结合保障配电网安全运行和供电服务。

中压配电网的关键性节点，如主干线联络开关、必要的分段开关，宜按照供电安全准则对非故障区域恢复供电的时间要求采用"三遥"配置；网架中的一般性节点，宜采用"二遥"配置；对于线路较长、支线较多的线路，宜在适当位置安装故障指示器，以缩小故障查找区间。按照供电安全准则，要求"三遥"终端的选择应满足供电安全准则对非故障区域恢复供电的时间要求，从而确定哪些是必要的分段开关。

"三遥""二遥"节点的配置方法，主要与 7.2 中第一级、第二级供电安全准则相关，涉及"N-1"停运后允许损失负荷的大小及非故障区域恢复供电的时间。

第一级供电安全准则确定了中压线路设置具备自动化功能的分段开关的原则，即相邻的具备自动化功能的分段开关之间所供负荷不应大于 2 MW（满足第一级供电安全准则的组负荷，以下简称第一级组负荷)，需要结合各地区配电网实际情况在已有的分段开关中选取或重新设置。

第二级供电安全准则确定了分段及联络开关动作时间要求，也即对非故障区域恢复供电时间的要求。第二级供电安全准则要求非故障段 A+类供电区域 5 min、A 类供电区域 15 min、B 类和 C 类供电区域 3 h 内恢复"本级组负荷–2 MW"。

（1）对于 A+、A 类供电区域，必须采用馈线自动化等自动化手段，在第一级组负荷间的分段及联络开关实现"三遥"，才有可能在 5 min～15 min 内完成故障定位、隔离及非故障区域的恢复。

（2）对于 B、C 类供电区域，要求 3 h 完成非故障区域供电。按照公司公开承诺要求:供电抢修人员到达现场的平均时间一般为:

城区范围 45 min，农村地区 90 min，特殊边远地区 2 h。为了达到 3 h 非故障区域恢复供电要求，故障处理可采用部分自动化手段加人工操作方式，尽量减少故障定位、隔离及恢复操作时间，降低抢修人员巡查及操作在路程上花费的时间。因此中压线路至少需要配置足够数量的"二遥"终端，并根据需要适当部署"三遥"终端。

对于架空网来说，能够被隔离的最小供电范围是 1 个分段，对于电缆线路，能够被隔离的最小供电范围是 1 个环网室（箱）。所以对于完全按照本《导则》要求建设的一次网架，A+、A 类供电区域的架空网每个联络、分段开关均设置"三遥"终端，而对于电缆网，每隔 1 个环网室（箱）设置 1 个"三遥"终端就能够满足供电安全准则的要求。因配网拓扑一般在网架建成后会随着新增用户报装发生变化，在过渡期间，对于过密的分段开关，根据实际情况保证在两个相邻"三遥"终端之间的负荷满足第一级组负荷即可。

对于 B、C 类供电区域架空及电缆网，故障线路的非故障段应在 3 h 内恢复供电。因此联络开关应根据非故障段恢复供电时间不大于 3 h 的需要，确定是否配置"三遥"终端。当分段开关采用了就地型重合式或智能分布式馈线自动化，或者各分段开关采用了级差配合保护等措施，可快速、自动、有选择性地切除故障，减少非故障段恢复供电时间，使之满足不大于 3 h 的要求时，分段开关可仅配置"二遥"终端；当缺少上述措施，分段开关不能实现级差或时序配合、自动且有选择性地切除故障时，可根据非故障段恢复供电时间 3 h 的需要，确定是否配置"三遥"终端。

对于中压配电设备，开关站、环网室（箱）、箱式变电站、配电室、柱上开关，一般建议至少安装"二遥"终端，以监测配电网的运行状态，缩短故障定位区间。

对于较长的架空线路，也可以在线路中间加装远传型故障指示器，以进一步缩短故障定位时间，作为 DTU、FTU 的补充。对于电缆线路，一般供电距离较短，因此装设远传型故障指示器的场景不多。

针对不同供电区域的"二遥""三遥"终端的推荐配置方案参照表 10-1。

表 10-1   配电自动化终端推荐配置方法

供电区域类型	推荐配置方案
A+、A	联络开关宜采用"三遥"配置；分段开关宜按照每隔 1 段第一级组负荷采用"三遥"配置；其余开关宜采用"二遥"配置
B、C	联络开关视非故障段恢复供电时间 3 h 的需要采用"三遥"配置；能够实现级差或时序配合、可自动切除故障的分段开关，可仅采用"二遥"配置；不能实现级差或时序配合、自动切除故障的分段开关，视非故障段恢复供电时间 3 h 的需要采用"三遥"配置；其余开关宜采用"二遥"配置

D、E 类供电区域分布式电源较多时宜适当增加"二遥"终端，监测线路电流、电压、有功功率、无功功率及开关位置等信息，即增加标准型"二遥"或动作型"二遥"。其重点在于可监测线路电压，进而实现故障电流方向判别，以解决分布式电源接入可能导致的故障无法准确定位问题。此外，对于接入低压分布式电源较多的公用配电变压器，可装设台区监测终端，采集分布式光伏电压、电流、有功功率、无功功率、发电量及开关位置等信息。

10.2.6 在具备条件的区域探索低压配电网智能化，公用配电变压器台区可配置能够监测低压配电网的智能终端。

【释义】

低压配电网智能化主要是通过台区融合终端与低压故障传感器配套应用，实现台区低压网络全景状态感知与智能边缘处理。

中压配电自动化比较成熟的 Λ+、A 类供电区域的公用配电台区，可配置台区融合终端。台区融合终端是一种新型的配电变压器终端，安装在配电变压器低压侧，终端采用硬件平台化、软件 App 化方式，实现低压配电网全景感知，通过边缘计算优先进行本地分析处理与决策，同时实时上送高关注度数据至配电自动化主站。台区融合终端应作为边缘代理，具备台区低压网络监测终端接入和数据汇集功能，包括配电变压器监测、电能计量、状态量采集、环境状态采集、断路器采集、电能表数据采集等基本业务功能；可具备电能质量监测、电能质量统计、电能质量治理设备监控、台区拓扑识别、设备状态监控、低压故障快速研判及上报、台区分路分段线损分析、分布式能源管理、多元化负荷管理等高级业务功能。

台区低压线路分支处及末端用户接入点可根据拓扑自动识别功能要求配置分支监测传感器（LTU）或智能低压开关，具备信息采集与通信功能。

10.2.7 智能电能表作为用户电能计量的智能终端，宜具备停电信息主动上送功能，可具备电能质量监测功能。

【释义】

智能电表功能应满足 Q/GDW 10354《智能电能表功能规范》的要求。此外，智能电表根据需要可具备网络拓扑自动识别、低压分布式电源监控、家庭能源管理等非计量扩展功能。

10.2.8 接入 10 kV 及以上电压等级的分布式电源、储能设施、电动汽车充换电设施的信息采集应遵循 GB/T 33593、GB/T 36547、GB 50966 标准，并将相关信息上送至相应业务系统。

【释义】

对于接入 10 kV 及以上电压等级的分布式电源、储能设施、电动汽车充换电设施：在分布式新能源场站（风电场、光伏电站等）配置分布式电源监控终端，实现信息的自动采集、测量，完成运行状态的实时监控；在储能设施中部署储能监控终端，实现对储能设施运行参数等信息的采集；随充电设施同步配置充电监控终端，采集电动汽车充电设施状态，实现充电设施智能安全、互联互通、统一管理。

根据 GB/T 33593—2017《分布式电源并网技术要求》，分布式电源监控终端采集并上传电网调度机构的信息至少应当包括：

（1）通过 380 V 电压等级并网的分布式电源，以及 10（6）kV 电压等级接入用户侧的分布式电源，可只上传电流、电压和发电量信息，条件具备时，预留上传并网点开关状态能力。

（2）通过 10（6）kV 电压等级直接接入公共电网，以及通过 35 kV 电压等级并网的分布式电源，应能够实时采集并网运行信息，主要包括并网点开关状态，并网点电压和电流，分布式电源输送有功、无功功率、发电量等，并上传至相关电网调度部门；配置遥控装置的分布式电源，应能接收、执行调度端远方控制解/并列、启停和发电功率的指令。

根据 GB/T 36547—2018《电化学储能系统接入电网技术规定》，分布式储能监控终端采集并上传电网调度机构的信息至少应当包括：

（1）电气模拟量：并网点的频率、电压、注入电网电流、注入有功功率和无功功率、功率因数、电能质量数据等。

（2）电能量及荷电状态：可充/可放电量、充电电量、放电电量、荷电状态等。

（3）状态量：并网点开断设备状态、充放电状态、故障信息、远动终端状态、通信状态、AGC 状态等。

（4）其他信息：并网调度协议要求的其他信息。

根据 GB 50966—2014《电动汽车充电站设计规范》，充电监控终端应具备下列数据采集功能：

（1）非车载充电机工作状态、温度、故障信号、功率、电压、电流和电能量。

（2）交流充电桩的工作状态、故障信号、电压、电流和电能量。

10.2.9 当分布式电源规模化接入导致配电自动化无法准确故障定

位时，应优先通过优化配电自动化故障处理策略的方式解决；若上述方式解决困难时，可在配电自动化终端增加故障电流方向判别功能。

【释义】

分布式电源接入可能导致故障无法准确定位，如图 10-2 所示，在不考虑分布式电源接入时，当终端 1、2 之间区域发生故障后，终端 1 流过故障电流导致电流增大，终端 2 由负荷电流降至 0，配电自动化系统可准确判断故障区间在终端 1、2 之间。当分布式电源接入后，故障发生导致终端 1 流过故障电流后电流增大，终端 2 流过由分布式电源反向注入的故障电流，当分布式电源规模足够大时可能会超过正常负荷电流，终端 3 电流降至 0，因目前配电自动化主站及终端判据为电流幅值，均不具备方向判别功能，因此当大规模分布式电源接入导致反向注入故障电流足够大时，可能将故障定位在终端 2、3 之间，导致定位错误。

考虑到改造工作量及成本，建议优先进行主站策略调整，无法解决时再考虑改造终端。

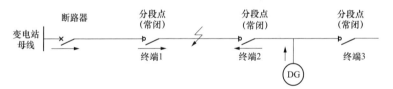

图 10-2 含分布式电源接入的 10 kV 配电网故障示意图

10.2.10 10 kV 及以上分布式电源并网点处应装设相应监控终端，具备向调控平台上传遥测、遥信信息，以及接收并执行遥控、遥调指令的功能。

【释义】

根据 Q/GDW 11147—2017《分布式电源接入配电网设计规范》，并网点定义为：对于有升压站/变电站的分布式电源，并网点为分布式电源升压站/变电站两侧母线或节点；对于无升压站/变电站的分布式电源，并网点为分布式电源的输出汇总点。

分布式光伏发展初期，应满足分布式光伏可观可测要求，利用直采及数据转发模式汇聚数据；在分布式光伏大规模建设后，逐步实现分布式光伏可调可控。通过 35 kV 电压等级接入的分布式光伏宜采用直采直控方式；通过 10 kV 电压等级接入的分布式光伏可采用直采直控方式，也可采用群调群控方式。

通过 10 kV ~ 35 kV 电压等级接入的分布式光伏（含自发自用和直接接入公用电网）应至少具备表 10-2 中的遥测、遥信、电能量、电能质量监测信息，具备条件时宜上传环境监测仪数据。

表 10-2　　　　分布式光伏可观可测数据采集范围

数据类型		数据采集范围
实时数据	遥测	并网点电压、电流、有功功率、无功功率、功率因数等
	遥信	并网点开关位置、事故总信号（有条件）、主要保护动作信息等
非实时数据（电能量数据）		发电量、产权分界处电能量
电能质量数据（可选）		并网点处谐波、电压波动和闪变、电压偏差、三相不平衡、直流分量等
其他数据（可选）		环境监测仪数据（为功率预测做数据支撑）

通过 10 kV ~ 35 kV 电压等级接入的分布式光伏应具备遥控和遥调功能，可执行调度下发的远方控制解/并列、启停和发电功率指令。

10.3　配电通信网

10.3.1　配电通信网应满足配电自动化系统、用电信息采集系统、分布式电源、电动汽车充换电设施及储能设施等"源—网—荷—储"终端的远程通信通道接入需求，适配新兴业务及通信新技术发展需求。

【释义】

通信网络架构总体分骨干通信网和终端通信接入网两层，终端通信接入采用远程接入网和本地通信网两级架构，110 kV ~ 35 kV

配电通信网属于骨干通信网，10（20、6）kV 配电通信网属于远程接入网。配电自动化系统、用电信息采集系统、分布式电源、电动汽车充换电设施及储能设施等"源—网—荷—储"源网荷储终端接入远程通信通道，业务差异化需求明显，10（20、6）kV 配电通信接入网应满足不同终端的接入需求，适配新兴业务及通信新技术发展需求。

10.3.2 110 kV～35 kV 配电通信网属于骨干通信网，应采用光纤通信方式；中压配电通信接入网可灵活采用多种通信方式，满足海量终端数据传输的可靠性和实时性，以及配电网络多样性、数据资源高速同步等方面需求，支撑终端远程通信与业务应用。

【释义】

通信网络架构总体分骨干通信网和终端通信接入网两层，110 kV～35 kV 配电通信网属于骨干通信网，采用光纤通信方式；终端通信接入采用远程接入网和本地通信网两级架构，10（20、6）kV 配电通信网属于远程接入网，综合利用光纤专网、无线公网、中压电力线载波等多种通信方式，满足海量终端数据传输的可靠性和实时性，以及配电网络多样性、数据资源高速同步等方面需求，支撑终端远程通信与业务应用。

10.3.3 配电网规划应同步考虑通信网络规划，根据业务开展需要，明确通信网建设内容，包括通信通道建设、通信设备配置、建设时序与投资等。

【释义】

通信网络属于配电网的一部分，配电网规划应同步考虑通信网络规划，在配电网规划中应根据业务开展需要明确通信网建设内容。

10.3.4 应根据中压配电网的业务性能需求、技术经济效益、环境和实施难度等因素，选择适宜的通信方式（光纤、无线、载波通信等）构建终端远程通信通道。当中压配电通信网采用以太网无源光网络（EPON）、千兆无源光网络（GPON）或者工业以太网等技术组网时，应使用独立纤芯。

【释义】

为满足中压配电网配电自动化、用电信息采集等多元化物联网终端接入，应综合利用光纤专网、无线公网、中压电力线载波等通信技术与资源，统筹考虑配电、用电，以及新能源、电动汽车等业务的个性、共性需求，结合地域特点、业务安全要求、技术性能需求以及经济性因素，选择适宜的通信方式构建终端远程通信通道。

配电自动化"二遥"终端，可采用光纤、无线（专网与公网）、电力线载波等通信方式，配电自动化"三遥"终端，可采用光纤通信、无线专网、电力线载波、5G公网等通信方式。在具有"三遥"终端且选用光纤通信方式的中压线路中，光缆经过的"二遥"终端宜选用光纤通信方式；在光缆无法敷设的区段，可采用电力线载波、无线通信方式进行补充。电力线载波不宜独立进行组网。

光纤专网可采用以太网无源光网络（EPON）、千兆无源光网络（GPON）或者工业以太网技术，xPON 技术适用于网络规模较大、终端节点众多、业务类型多样、通道容量较大的场景；工业以太网技术适用于具有较高可靠性需求的业务场景。当中压配电通信网采用以太网无源光网络（EPON）、千兆无源光网络（GPON）或者工业以太网等技术组网时，为保证业务传输安全可靠，中压配电通信传输通道需物理隔离，应使用独立纤芯。

10.3.5 无线通信包括无线公网和无线专网两种方式。无线公网宜采用专线接入点（APN）/虚拟专用网络（VPN）、认证加密等接入方式；无线专网应采用国家无线电管理部门授权的无线频率进行组网，并采取双向鉴权认证、安全性激活等安全措施。

【释义】

无线通信包括无线公网和无线专网方式。Q/GDW 11345.5—2020《电力通信网信息安全 第 5 部分：终端通信接入网》规定了无线公网、无线专网的定义及其接入的安全措施。

10.3.6 配电通信网宜符合以下技术原则：

a）110（66）kV 变电站和 B 类及以上供电区域的 35 kV 变电站应具备至少 2 条光缆路由，具备条件时采用环形或网状组网；

b）中压配电通信接入网若需采用光纤通信方式的，应与一次网架同步建设。其中，工业以太网宜采用环形组网方式，以太网无源光网络（EPON）宜采用"手拉手"保护方式。

【释义】

根据 Q/GDW 11358—2019《电力通信网规划设计技术导则》的要求，110（66）kV 变电站和 B 类及以上供电区域的 35 kV 变电站应具备至少 2 条光缆路由，10（20、6）kV 线路应与配电网一次网架同步规划，若有光缆建设需求，应与一次网架同步建设。采用以太网无源光网络（EPON）设备时，光纤线路终端（OLT）设备宜部署在变电站，10 kV 站点部署光纤网络单元（ONU）设备，采用星形或链形拓扑结构，线路条件允许时，采用"手拉手"拓扑结构形成通道自愈保护；采用工业以太网设备时，宜用环形拓扑结构形成通道自愈保护。

10.3.7 10 kV 电压等级并网的分布式电源可采用无线、光纤等通信方式；如公共连接点已具备光纤专网通信通道，或所在区域已覆盖无线专网时，优先采用光纤专网或无线专网方式。

【释义】

根据 Q/GDW 11147—2017《分布式电源接入配电网设计规范》，分布式电源接入配电网时应根据当地电力系统现状，因地制宜选择通信方式，可采用无线、电力线载波光纤专网等通信方式。根据

GB/T 33593《分布式电源并网技术要求》，通过 10（6）kV 电压等级直接接入公共电网，以及通过 35 kV 电压等级并网的分布式电源，应采取专网通信方式，具备与电网调度机构之间进行数据通信的能力，能够采集电源的电气运行工况，上传至电网调度机构，同时具有接受电网调度机构控制调节指令的能力。由于光纤和无线专网可靠性更高、安全性更强，因此，如公共连接点已具备光纤专网通信通道，或所在区域已覆盖无线专网时，优先采用光纤专网或无线专网方式。

10.3.8 220/380 V 接入的分布式电源可采用无线、光纤、电力线载波等通信方式。分布式电源的电压、电流、功率等数据采集实时性应满足可观可测要求，并具备相应网络安全防护措施。

【释义】

根据 GB/T 33593—2017《分布式电源并网技术要求》，通过 380 V 电压等级并网的分布式电源，以及通过 10（6）kV 电压等级接入用户侧的分布式电源，可采用无线、光纤、载波等通信方式，采用无线通信方式时，应采取信息通信安全防护措施。根据 GB/T 33342—2016《户用分布式光伏发电并网接口技术规范》，光伏发电系统通信可采用符合信息安全防护要求的有线或者无线公网通信方式，由用电信息采集系统采集电压、电流和发电量等信息并上传至电网相关部门，并应满足电力监控系统安全防护规定的相关要求。因此，分布式电源的电压、电流、功率等数据采集实时性应满足可观可测要求，采用无线公网通信应满足 DL/T 698.45《电能信息采集与管理系统 第 4-5 部分：通信协议—面向对象的数据交换协议》和 Q/GDW 10376.3《用电信息采集系统通信协议 第 3 部分：采集终端远程通信模块接口》的相关规定。

10.4 配电网业务系统

10.4.1 配电网业务系统主要包括地区级及以下电网调度控制系统、

配电自动化系统、用电信息采集系统等。配电网各业务系统之间宜通过信息交互总线、企业中台、数据交互接口等方式，实现数据共享、流程贯通、服务交互和业务融合，满足配电网业务应用的灵活构建、快速迭代要求，并具备对其他业务系统的数据支撑和业务服务能力。

【释义】

配电网的主要业务应用系统为配电自动化系统、生产管理系统、供电服务指挥系统、电力用户用电信息采集系统、地区级及以下电网调度控制系统，与配电网相关的其他业务系统包括网上电网、网上国网、现代（智慧）供应链、智慧能源综合服务平台等。配电网业务应用系统之间的集成主要包括界面集成、应用集成、数据集成等，通过企业中台、信息交互总线、Web Service、数据交互接口、数据提取、转换和加载（ETL）等实现，支撑数据共享、流程贯通、服务交互和业务融合。

其中 110 kV ~ 35 kV 变电站的调度、控制由地区级及以下电网调度控制系统来实现，中压配电网运行监视、控制、管理由配电自动化系统实现，中低压电力用户的用电信息采集、处理和监控由用电信息采集系统实现。

"网上电网"是指紧密围绕国家电网有限公司战略部署，以支撑服务坚强智能电网发展为目标，着力实时、实景、实效，着眼数字化、可视化、智能化，打造全息数据、全景导航、全程在线的新一代电网发展平台，创新网上管理、图上作业、线上服务新模式，推进新基建融合、数字化转型、智能化发展，助力提升公司和电网发展质量。

"网上国网"是指充分整合掌上电力、电 e 宝、95598 网站以及车联网、分布式光伏等在线服务资源，覆盖传统用电服务和新兴综合能源服务两大领域，深化数据共享应用，促进跨专业、跨层级多方联动，实现交费、办电、能源服务等业务"一网通办"，将"客户聚合、业务融通、数据共享、创新支撑"融为一体的国家电网有限公司企业级统一对外在线公共服务平台。

"现代（智慧）供应链"是以智能采购、数字物流、全景质控三大智慧业务链为基础，以内外两个高效协同为关键，以智慧运营为核心，形成具有数字化、网络化、可视化、便捷化、智慧化为特征的服务平台，对内实现供应商和产品多维精准评价、物资供需全业务链线上运作，提升设备采购质量和供应链运营质效，对外广泛连接供应链上下游资源和需求，形成供应链产业生态圈，推动供应链高质量协同发展。

"智慧能源综合服务平台"是指以优质电网服务为基石，发挥公司海量用户资源优势，打造涵盖政府、终端客户、产业链上下游"一站式服务"的综合服务平台。该平台提供信息对接、供需匹配、交易撮合等服务，为新兴业务引流用户；加强设备监控、电网互动、账户管理、客户服务等共性能力中心建设，为电网企业和新兴业务主体赋能。通过引流赋能，支撑"公司、区域、园区"三级服务体系，支撑公司由"供电服务"向"供电+能效服务"延伸拓展，有效提升客户综合能效，降低社会用能成本，促进新能源消纳，打造公司新的增长极。

10.4.2 110 kV～35 kV变电站的信息采集、控制由地区及以下电网调度控制系统的实时监控功能实现，并应遵循 DL/T 5002 的相关要求。在具备条件时，可适时开展分布式电源、储能设施、需求响应参与地区电网调控的功能建设。

【释义】

目前，电网调度控制系统已覆盖所有 110 kV～35 kV 变电站，站端的信息采集、控制在 DL/T 5002《地区电网调度自动化设计规程》中有明确规定。为契合能源互联网发展方向，新一代调度控制系统充分考虑了分布式电源、储能设施、需求响应等功能需求，应按照国家电网有限公司统一要求与进度按需接入。

10.4.3 配电自动化系统是提升配电网运行管理水平的有效手段,应具备配电数据采集与监视控制系统（SCADA）、馈线自动化及配电网分析应用等功能。配电自动化系统主站应遵循 DL/T 5542、DL/T 5729 的相关要求,应根据各区域电网规模和应用需求进行差异化配置,合理确定主站功能模块。

【释义】

配电自动化系统是支撑配电网运行监控和配电网运行状态管控业务的自动化系统,是提升配电网供电可靠性和运行管理水平的有效手段。

（1）配电自动化系统应依据建设区域的一次网架结构、设备现状、负荷水平以及不同供电区域可靠性的实际需求,合理制定建设方案,统筹规划、同步建设、差异实施。故障处理模式分为馈线自动化（集中式、智能分布式、就地型重合式）和故障监测方式。

馈线自动化可在配电网发生故障时,判断故障区域、隔离故障,恢复非故障区域供电。其中,集中式馈线自动化借助通信手段,通过配电终端和配电主站的配合实现;智能分布式馈线自动化不需要配电主站控制,通过配电终端之间的相互通信和保护配合实现;就地型重合式馈线自动化不需要配电主站和配电终端控制,通过时序配合实现;故障监测方式通过配电线路故障指示器实现。故障处理模式分区域设置列表见表 10-3。

表 10-3　　　　分区域故障处理模式推荐配置方案

供电区域类型	推荐配置方案
A+、A	集中式或智能分布式
B	集中式、智能分布式或就地型重合式
C、D	就地型重合式或故障监测方式
E	故障监测方式

A+、A 类供电区域宜采用集中式或智能分布式馈线自动化;B

类供电区域可采用集中式、智能分布式或就地型重合式馈线自动化；C、D类供电区域可根据实际需求采用就地型重合式馈线自动化或故障监测方式；E类供电区域可采用故障监测方式。

（2）配电自动化系统包含配电网运行监控和配电网运行状态管控两大类业务，系统功能遵循 DL/T 5542《配电网规划设计规程》的相关要求，应根据各区域电网规模和应用需求，合理确定配电自动化系统功能模块。

（3）小型电网规模的地市配电自动化系统，可采用与地市调度控制系统一体化建设模式，待后期电网达到一定规模后，视需要建设独立主站。

10.4.4 电力用户用电信息采集系统应遵循 DL/T 698 的相关要求，对电力用户的用电信息进行采集、处理和实时监控，具备用电信息自动采集、计量异常监测、电能质量监测、用电分析和管理、相关信息发布、分布式能源监控、负荷控制管理、智能用电设备信息交互等功能。

【释义】

电力用户用电信息采集系统的功能还应满足 Q/GDW 1373《电力用户用电信息采集系统功能规范》的要求。

10.5 信息安全防护

10.5.1 信息安全防护应满足国家发展和改革委员会令第 14 号《电力监控系统安全防护规定》及 GB/T 36572、GB/T 22239 的要求，满足安全分区、网络专用、横向隔离、纵向认证要求。

【释义】

GB/T 36572《电力监控系统网络安全防护导则》规定了电力监控系统网络安全防护的基本原则、体系架构、防护技术、应急备用措施和安全管理要求。GB/T 22239《信息安全技术 网络安全等级保护基本要求》规定了网络安全等级保护的第一级到第四级等级保护对象的安全通用要求和安全扩展要求。

10.5.2 位于生产控制大区的配电业务系统与其终端的纵向连接中使用无线通信网、非电力调度数据网的电力企业其他数据网，或者外部公用数据网的虚拟专用网络方式（VPN）等进行通信的，应设立安全接入区。

【释义】

安全接入区设备包括配电安全接入网关、前置服务器、正反向物理隔离等。

配电自动化系统采用无线通信方式时，除结构安全防护措施外，还宜基于业务应用层实现对远程控制指令的保护，强化对具有遥控功能终端的本体安全防护。此外，配电业务系统应部署内网安全监测措施，实时监测相关横向和纵向防线上的安全告警信息。

11　用户及电源接入要求

【释义】

本章主要明确了用户接入、电源接入、电动汽车充换电设施接入、新型储能系统接入的相关技术规定。

11.1　用户接入

11.1.1　用户接入应符合国家和行业标准规定，不应影响电网的安全运行及电能质量。

【释义】

用户接入应符合国家和行业相关标准的规定，同时，用户用电应满足《中华人民共和国电力法》《供电营业规则》（中华人民共和国电力工业部令第 8 号）等相关法规和制度，不得危害供电、用电安全和扰乱供电、用电秩序。

11.1.2　用户的供电电压等级应根据当地电网条件、供电可靠性要求、供电安全要求、最大用电负荷、用户报装容量，经技术经济比较论证后确定。可参考表 13，结合用户负荷水平确定，并符合下列规定：

表 13　　用户接入容量和供电电压等级参考表

供电电压等级	用电设备容量	受电变压器总容量
220 V	10 kW 及以下单相设备	—
380 V	100 kW 及以下	50 kVA 及以下
10 kV	—	50 kVA ~10 MVA
35 kV	—	5 MVA～40 MVA
66 kV	—	15 MVA～40 MVA
110 kV	—	20 MVA～100 MVA

注：无 35 kV 电压等级的电网，10 kV 电压等级受电变压器总容量为 50 kVA～20 MVA。

　　a）对于供电距离较长、负荷较大的用户，当电能质量不满足要求时，应采用高一级电压供电；

　　b）小微企业用电设备容量160 kW及以下可接入低压电网，具体要求应按照国家能源主管部门和地方政府相关政策执行；

　　c）低压用户接入时应考虑三相不平衡影响。

【释义】

明确了用户供电电压等级确定的主要原则。

对于本条a）项：各类用户受电电压质量执行GB/T 12325—2008《电能质量　供电电压偏差》的规定，在电力系统正常状况下，供电企业供到用户受电端的电压允许偏差为：

（1）35 kV及以上电压供电的，电压正、负偏差的绝对值之和不超过标称值的10%（如供电电压上下偏差同号时，按较大的偏差绝对值作为衡量依据）。

（2）10 kV及以下三相供电的，为标称值的±7%。

（3）220 V单相供电的，为标称值的+7%，−10%。

（4）对供电点短路容量较小、供电距离较长以及对供电电压偏差有特殊要求的用户，由供、用电双方协议确定。

（5）在电力系统非正常状况下，用户受电端的电压最大允许偏差不应超过标称值的±10%。

对于本条 b）项：《国家发展改革委 国家能源局关于全面提升"获得电力"服务水平 持续优化用电营商环境的意见》（发改能源规〔2020〕1479号）明确"各供电企业要逐步提高低压接入容量上限标准，对于用电报装容量160 kW及以下实行'三零'服务的用户采取低压方式接入电网。"和"鼓励和支持有条件的地区进一步提高低压接入容量上限标准"。其中，"三零"服务指小微企业接入电力享受精简手续零审批、主动服务零上门、低压供电零投资的服务。

对于本条 c）项：三相负载不平衡将增加线路和配电变压器的

电能损耗，减少配电变压器有效使用容量，影响用电设备的安全运行和降低电动机工作效率。

表 13 用于已知用户接入容量来选择供电电压，考虑到仅存在 110 kV、10 kV 电压等级的电网，受电变压器容量在 10 MVA～20 MVA 之间时无相应的供电电压等级；仅存在 66 kV、10 kV 电压等级的电网，受电变压器容量在 10 MVA～15 MVA 之间时无相应的供电电压等级，因此，在备注中补充"无 35 kV 电压等级的电网，10 kV 电压等级受电变压器总容量为 50 kVA～20 MVA。"

11.1.3 应严格控制变电站专线数量，以节约廊道和间隔资源，提高电网利用效率。

【释义】

电网公共资源的使用坚持以效益效率为导向，在保障安全质量的前提下，处理好投入和产出的关系、投资能力和需求的关系，根据用户的负荷特性和需求，合理配置间隔资源，确保用户有序、经济接入，间隔资源得到高效利用。对于专线数量较多的区域，可以采取开关站出线或轻载专线通过环网室（箱）合并的方式进行优化。

11.1.4 受电变压器总容量 100 kVA 及以上的用户，在高峰负荷时的功率因数不宜低于 0.95；其他用户和大、中型电力排灌站，功率因数不宜低于 0.90；农业用电功率因数不宜低于 0.85。

【释义】

《供电营业规则》（中华人民共和国电力工业部令第 8 号）第四十一条规定：用户应在提高用电自然功率因数的基础上，按有关标准设计和安装无功补偿设备，并做到随其负荷和电压变动及时投入或切除，防止无功电力倒送。除电网有特殊要求的用户外，用户在当地供电企业规定的电网高峰负荷时的功率因数，应达到下列规定：100 kVA 及以上高压供电的用户功率因数为 0.90 以上。其他电力用户和大、中型电力排灌站、趸购转售电企业，功率因数为 0.85 以上。农业用电，功率因数为 0.80 以上。

Q/GDW 1212—2015《电力系统无功补偿配置技术导则》中规定电力用户功率因数应满足下述要求：

（1）对于额定负荷大于等于 100 kVA，且通过 10 kV 及以上电压等级供电的电力用户，在用户高峰负荷时变压器高压侧功率因数不宜低于 0.95。

（2）其他电力用户，在高峰负荷时功率因数不宜低于 0.90。

考虑到用户用电功率因数的高低对发、供、用电设备的充分利用、节约电能和改善电压质量有着重要影响。因此，可适当提高用户的功率因数并保持均衡，实现供用电双方效益最大化，本条将高峰负荷时电力用户的功率因数要求上浮 0.05。

11.1.5　重要电力用户供电电源配置应符合 GB/T 29328 的规定。重要电力用户供电电源应采用多电源、双电源或双回路供电，当任何一路或一路以上电源发生故障时，至少仍有一路电源应能满足保安负荷供电要求。特级重要电力用户应采用多电源供电；一级重要电力用户至少应采用双电源供电；二级重要电力用户至少应采用双回路供电。

【释义】

本条源自 GB/T 29328—2018《重要电力用户供电电源及自备应急电源配置技术规范》中 6.2.1 和 6.2.2 的相关规定。

（1）重要电力用户分级。

1）特级重要电力用户，是指在管理国家事务中具有特别重要的作用，供电中断将可能危害国家安全的电力用户。

2）一级重要电力用户，是指供电中断将可能产生下列后果之一的电力用户：

a．直接引发人身伤亡的；

b．造成重要环境污染的；

c. 发生中毒、爆炸或火灾的；

d. 造成重大政治影响的；

e. 造成重大经济损失的；

f. 造成较大范围社会公共秩序严重混乱的。

3）二级重要电力用户，是指供电中断将可能产生下列后果之一的电力用户：

a. 造成较大环境污染的；

b. 造成较大政治影响的；

c. 造成较大经济损失的；

d. 造成一定范围社会公共秩序严重混乱的。

（2）采用双电源的同一重要电力用户，不宜采用同杆架设或电缆同沟敷设供电。

11.1.6 重要电力用户应自备应急电源，电源容量至少应满足全部保安负荷正常供电的要求，并应符合国家有关技术规范和标准要求。

【释义】

明确了重要电力用户自备应急电源配置原则。本条引自 GB/T 29328—2018《重要电力用户供电电源及自备应急电源配置技术规范》"7.2 自备应急电源配置原则" "7.3 自备应急电源配置技术要求"和 "7.4 自备应急电源的运行" 的相关规定。

11.1.7 用户因畸变负荷、冲击负荷、波动负荷和不对称负荷对公用电网造成污染的，应按 "谁污染、谁治理" 和 "同步设计、同步施工、同步投运、同步达标" 的原则，在开展项目前期工作时提出治理、监测措施。

【释义】

《供电营业规则》（中华人民共和国电力工业部令第 8 号）第五十五条和第五十六条规定：用户注入电网的谐波电流不得超过 GB/T

14549《电能质量　公用电网谐波》的规定。用户的非线性阻抗特性的用电设备接入电网运行所注入电网的谐波电流和引起公共连接点电压正弦波畸变率超过标准时，用户必须采取措施使其符合相关标准的要求。否则，供电企业可中止对其供电。用户的冲击负荷、波动负荷、非对称负荷对供电质量产生影响或对安全运行构成干扰和妨碍时，用户必须采取措施使其符合相关标准的要求。如不采取措施或采取措施不力，达不到 GB 12326《电能质量　电压波动和闪变》或 GB/T 15543《电能质量　三相电压不平衡》规定的要求，供电企业可中止对其供电。

（1）对谐波源用户的用电要求。各类工矿企业、运输等非线性负荷，引起电网电压及电流的畸变，称为谐波源。谐波对电网设备和用户用电设备造成很大危害。所以，要求用户注入电网的谐波电流及电网的电压畸变率必须符合 GB/T 14549《电能质量　公用电网谐波》、GB 17625.1《电磁兼容　限值　谐波电流发射限值（设备每相输入电流≤16 A）》等的规定要求，否则应采取措施，如加装无源或有源滤波器、静止无功补偿装置、电力电容器加装串联电抗器等，以保证电网和设备的安全、经济运行。用户所造成的谐波污染，按照"谁污染、谁治理"的原则进行治理。

（2）对冲击负荷、波动负荷用户的用电要求。冲击负荷及波动负荷引起电网电压波动、闪变，使电能质量严重恶化，危及电动机等电力设备正常运行，引起灯光闪烁，影响生产和生活质量。这类负荷应经过治理并符合 GB 12326《电能质量　电压波动和闪变》的规定要求后，方可接入电网。为限制冲击、波动等负荷对电网产生电压波动和闪变，除要求用户采取就地装设静止无功补偿设备和改善其运行工况等措施外，供电企业可根据项目接入系统研究报告和电网实际情况制定可行的供电方案，必要时可采用提高接入系统电压等级、增加供电电源的短路容量以及减少线路阻抗等措施。

（3）对不对称负荷用户的用电要求。不对称负荷会引起负序电流（零序电流），从而导致三相电压不平衡，会造成电动机发热、振动等许多危害。所以要求电网中电压不平衡度必须符合 GB/T 15543《电能质量 三相电压不平衡》的要求，否则应采取平衡化的技术措施。

（4）对电压敏感负荷用户的用电要求。一些特殊用户所产生的电压暂降、波动和谐波等将造成连续生产中断或显著影响产品质量。一般应根据负荷性质，由用户自行装设电能质量补偿装置，如动态电压恢复器（DVR）、快速固态切换开关（SSTS）以及有源滤波器（APF）等。

11.2 电源接入

11.2.1 配电网应满足国家鼓励发展的各类电源及新能源、微电网的接入要求，逐步形成能源互联、能源综合利用的体系。

【释义】

适应电源发展新形势，明确了各类电源及新能源、微电网的接入要求。坚强智能的配电网是能源互联网基础平台、智慧能源系统核心枢纽的重要组成部分，应促进分布式可调节资源多类聚合，实现区域能源管理多级协同，提高能源利用效率，推动能源转型升级和新型电力系统建设。

11.2.2 电源并网电压等级可根据装机容量进行初步选择，可参考表14，最终并网电压等级应根据电网条件，通过技术经济比较论证后确定。

表14 电源并网电压等级参考表

电源总容量范围	并网电压等级
8 kW 及以下	220 V
8 kW～400 kW	380 V
400 kW～6 MW	10 kV

电源总容量范围	并网电压等级
6 MW～20 MW	35 kV
20 MW～100 MW	66 kV、110 kV

【释义】

明确了不同容量电源接入配电网的参考电压等级。与原《导则》相比，为节约电网资源，并网电压等级为 35 kV 的电源总容量范围调整至"6 MW～20 MW"，并网电压等级为"66 kV、110 kV"的电源总容量范围调整至"20 MW～100 MW"。最终并网电压等级，应根据不同电压等级接入方案的投资、线路载流量、变压器负载率、接入外线长度等情况，经过技术经济比较论证后确定。

11.2.3　在分布式电源接入前，应以保障电网安全稳定运行和分布式电源消纳为前提，对接入的配电线路载流量、变压器容量进行校核，并对接入的母线、线路、开关等进行短路电流校核，如有必要也可进行动稳定校核。不满足运行要求时，应进行相应电网改造或重新规划分布式电源的接入。规模化开发地区应开展电能质量专题研究。

【释义】

分布式电源接入电网可能会扰动电网既有的安全稳定运行，应通过潮流计算校核接入的配电线路载流量、变压器容量以及接入点的母线、线路、开关等设备的热（动）稳定水平。此外，分布式电源接入电网会提高电网的短路电流水平。如图 11-1 所示，当馈线发生故障时，流过断路器的短路电流等于系统短路电流与电源短路电流之和。为了保证配电网的安全运行，应保证系统最大运行方式下电源接入后系统各母线节点短路电流不超过相应断路器开断电流限值，否则电源应加装短路电流限制装置。电压问题、谐波问题是分布式电源接入引起的主要问题，分布式电源规模化开发地区，应做好电能质量专题研究工作。

图 11-1 电源接入对电网短路电流水平的影响分析图

11.2.4 分布式电源并网应符合 GB/T 33593 等相关国家、行业技术标准的规定。

【释义】

明确分布式电源并网应符合国家、行业技术标准的相关要求，同时分布式电源并网还应符合 Q/GDW 1480《分布式电源接入电网技术规定》的相关规定。

11.2.5 分布式电源接入配电网应遵循就地接入、就近消纳的原则，定期开展配电网承载力评估及可开放容量计算，分布式电源开发总规模不应超过本县（区）全年最大用电负荷 60%，且不应向 220 kV 及以上电网反送电，110 kV 及以下各级变压器及线路反向负载率不应超过 80%。

【释义】

依据 DL/T 2041—2019《分布式电源接入电网承载力评估导则》补充了分布式电源接入配电网的基本原则。

对于分布式电源开发总规模，依据 DL/T 2041—2019《分布式电源接入电网承载力评估导则》，分布式电源接入不应向 220 kV 及以上电网反送电，110 kV 及以下各级变压器及线路反向负载最小负荷日的午间负荷是全网最大负荷日午间负荷的 50%左右，光伏最大出力是光伏装机容量的 80%左右，当开发规模超过全网最大负荷的 60%时，如未配置储能，将向 220 kV 电网反送电。

11.2.6 分布式光伏规模化开发宜由开发业主配置相应的储能设施，

储能规模宜以不出现长时间大规模反送、不增加系统调峰负担为原则，综合考虑开发规模、负荷特性等因素，按照装机容量 15%～30%（根据发展阶段适时调整）、时长 2 h～4 h 配置储能设施。分布式光伏并网方案参考表及接线示意图参见附录 F。

【释义】

储能是支撑新型电力系统的重要技术和基础装备，对提升电网调峰能力、促进新能源消纳具有重要作用，本补充规定明确了分布式光伏规模化开发配置储能的要求，附录 F 补充了分布式光伏并网方案参考表及接线示意图。

11.2.7　微电网并网应符合 GB/T 33589 等相关国家、行业技术标准的规定。

【释义】

明确微电网并网应符合相关国家、行业技术标准的要求。

11.2.8　并网型微电网应结合源荷特性、运行工况等配置适当比例的储能，具备一定自平衡、自管理、自调节能力，独立运行模式下向负荷持续供电时间不宜低于 2 h。

【释义】

明确并网型微电网运行要求。并网型微电网应具备一定电力电量自平衡能力，与输配电网的年交换电量一般不超过微电网年总用电量的 50%；拥有独立的能量管理系统，实现微电网内能量自管理要求；根据微电网内的源荷特征、运行工况等配置一定比例的储能，与微电网内需求侧响应共同构成一定的自调节能力，确保不增加输配电网的系统调节负担。

11.3　电动汽车充换电设施接入

11.3.1　电动汽车充换电设施接入电网时应进行论证，分析各种充电方式对配电网的影响，合理制定充电策略，实现电动汽车有序充电。

【释义】

明确电动汽车充换电设施接入要求。

（1）电动汽车充换电设施接入电网应充分考虑接入点的供电能力，便于电源线路的引入，保障电网安全和电动汽车的电能供给。

（2）充换电站宜装设电能质量监测及治理设备或预留设备安装位置。充换电站接入公用电网时，其接入点的功率因数、谐波、电压波动等，应满足国家、行业标准的有关规定，必要时开展电能质量影响相关专题研究。充换电设施应满足所接入配电网的配电自动化要求，其接入电网不应影响配电网的可靠供电。

（3）当电动汽车充换电设施具有与电网双向交换电能的功能时，应符合本《导则》关于电源接入的相关标准要求。

（4）在满足电动汽车充电需求的前提下，应运用实际有效的经济或技术措施引导、控制电动汽车进行充电，对电网负荷曲线进行削峰填谷，推动电动汽车与电网的协调互动发展。

（5）充换电设施宜按照最终规模进行规划设计，充换电设备可分期建设安装。

11.3.2 电动汽车充换电设施的供电电压等级应符合 GB/T 36278 的规定，根据充电设备及辅助设备总容量，综合考虑需用系数、同时系数等因素，经技术经济比较论证后确定。

【释义】

明确电动汽车充换电设施供电电压选取要求。

（1）电动汽车充换电设施的供电电压等级应根据充电设备及辅助设备总容量，综合考虑需用系数、同时系数等因素，经过技术经济比较论证后确定，具体可参考表 11-1。

表 11-1　　　　充换电设施宜采用的供电电压等级

供电电压等级	充电设备及辅助设备总容量	受电变压器总容量
220 V	10 kW 及以下单相设备	—
380 V	100 kW 及以下	50 kVA 及以下
10 kV	—	50 kVA ~ 10 MVA
20 kV	—	50 kVA ~ 20 MVA
35 kV	—	5 MVA ~ 40 MVA
66 kV	—	15 MVA ~ 40 MVA
110 kV	—	20 MVA ~ 100 MVA

（2）充换电设施供电负荷的计算中应根据单台充电机的充电功率和使用频率、设施中的充电机数量等，合理选取负荷同时系数。

11.3.3　电动汽车充换电设施的用户等级应符合 GB/T 29328 的规定。具有重大政治、经济、安全意义的电动汽车充换电设施，或中断供电将对公共交通造成较大影响或影响重要单位正常工作的充换电站可作为二级重要用户，其他可作为一般用户。

【释义】

明确电动汽车充换电设施用户等级。属于二级重要用户的充换电设施宜采用双回路供电，并满足当任何一路电源发生故障时，另一路电源应能对保安负荷持续供电，应配置自备应急电源；属于一般用户的充换电设施可采用单回线路供电。

11.3.4　220 V 供电的充电设备，宜接入低压公用配电箱；380 V 供电的充电设备，宜通过专用线路接入低压配电室。

【释义】

给出低压充电设备接入方式。

（1）充换电设施 220 V/380 V 接入示意图如图 11-2。

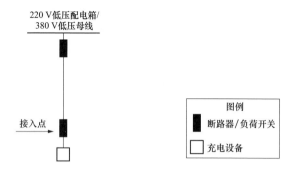

图 11-2　充换电设施 220/380 V 接入示意图

（2）380 V 接入点建议选在变压器低压母线处。

（3）220/380 V 电压等级主接线宜采用单母线或单母线分段接线。

11.3.5　接入 10 kV 电网的电动汽车充换电设施，容量小于 4000 kVA 的，宜接入公用电网 10 kV 线路，或接入环网室（箱）、电缆分支箱、开关站等；容量大于 4000 kVA 的，宜专线接入。

【释义】

本条源自 GB/T 36278—2018《电动汽车充换电设施接入配电网技术规范》5.3.2 相关规定。考虑充换电设施谐波、电压等供电质量原因，容量大于 4000 kVA 的充换电设施宜采用专线接入。

（1）图 11-3～图 11-6 给出了充换电设施 10 kV 接入示意。

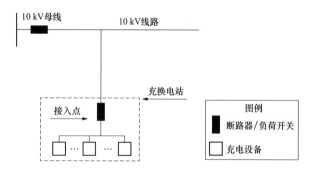

图 11-3　充换电设施单回路接入 10 kV 线路示意图

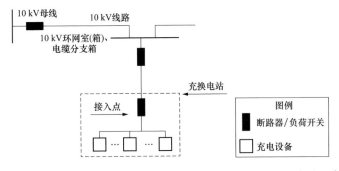

图 11-4　充换电设施单回路接入 10 kV 环网室（箱）、电缆分支箱示意图

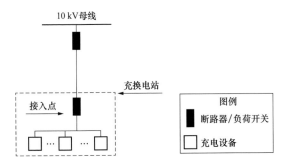

图 11-5　充换电设施单回路 10 kV 专线接入示意图

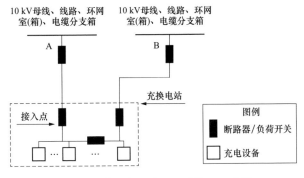

图 11-6　充换电设施双回路接入示意图

（2）10 kV 电压等级主接线宜采用单元、单母线或单母线分段接线。单元接线是最简单的一种接线形式。它的特点是几个元件直接单独连接，没有横向联系，如线路-变压器组接线；当充换电设备较

多时采用单母线分段接线，其特点是便于系统中的功率分配，母线事故后停电范围小、恢复供电快，便于对母线及母线设备进行检修试验。

11.3.6 接入 35 kV、110（66）kV 电网的电动汽车充换电设施可接入变电站、开关站的相应母线，或 T 接至公用电网线路。

【释义】

图 11-7～图 11-9 给出了充换电设施 35/110 kV 接入示意。

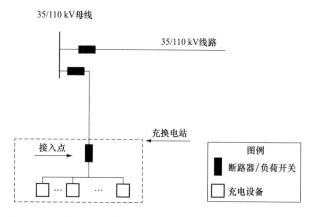

图 11-7　充换电设施单回路接入 35/110 kV 变电站母线示意图

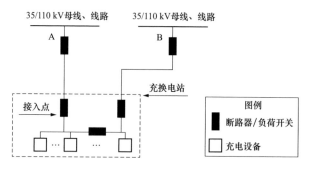

图 11-8　充换电设施双回路接入 35/110 kV 变电站示意图

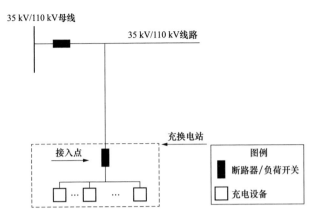

图 11-9 充换电设施单回路 T 接至 35/110 kV 线路示意图

11.4 新型储能系统接入

11.4.1 新型储能系统接入配电网的电压等级应综合考虑储能系统额定功率和当地电网条件确定，可参照 GB/T 36547 等相关规定。

【释义】

新型储能系统接入配电网的电压等级应按照新型储能系统额定功率、接入点电网网架结构等条件确定，可参照 GB/T 36547《电化学储能系统接入电网技术规定》、NB/T 33015《电化学储能系统接入配电网技术规定》的相关规定执行，最终接入配电网的电压等级应根据技术经济比较结果确定。

11.4.2 新型储能系统中性点接地方式应与所接入电网的接地方式相一致；新型储能系统接入配电网应进行短路容量校核，电能质量应满足相关标准要求。

【释义】

根据 Q/GDW 1564—2014《储能系统接入配电网技术规定》的规定：通过 10（6）kV ~ 35 kV 电压等级接入的储能系统接地方式应与其接入的配电网侧系统接地方式保持一致，并应满足人身设备安全和保护配合的要求。通过 380 V 电压等级并网的储能系统应安装有防止过电压的保护装置，并应装设终端剩余电流保护器。新型储能系统的接地应符合 GB 14050《系统接地的型式及安全技术要求》和 GB/T 50065《交流电气装置的接地设计规范》的相关要求。

新型储能系统接入配电网后，不应导致其所接入配电网的短路容量超过该电压等级的允许值。新型储能系统公共连接点处的短路电流值应低于断路器遮断容量且留有一定裕度，否则应采取相应措施。

新型储能系统接入公共连接点的谐波电压、间谐波电压、电压偏差、电压波动和闪变、电压不平衡度、直流分量等可参照 GB/T 36547《电化学储能系统接入电网技术规定》执行。

11.4.3 新型储能系统并网点应安装易操作、可闭锁、具有明显断开指示的并网断开装置。

【释义】

在新型储能系统的并网点应采用易操作、可闭锁、具有手动和自动操作的断路器，同时安装具有可视断点的隔离开关，实现故障的可靠物理隔离并易于辨识。

11.4.4 新型储能系统接入配电网时，功率控制、频率适应性、故障穿越等方面应符合 GB/T 36547 的相关规定。

【释义】

给出了新型储能接入配电网时应遵循的相关规定。新型储能系统接入配电网时，其功率控制、频率适应性、故障穿越等方面可参照 GB/T 36547《电化学储能系统接入电网技术规定》相关规定执行。

11.4.5 储能电站选址应满足防火防爆要求，不应选址在重要变电

站、地下变电站、为重要用户供电或运维风险大的变电站、重要输
电线路保护区，不应贴邻或设置在生产、储存、经营易燃易爆危险
品的场所，电池舱（室）不应设置在人员密集场所、建筑物内部或
其地下空间。

【释义】

明确了储能电站选址要求，不应选址在重要变电站、地下变电
站、为重要用户供电或运维风险大的变电站、重要输电线路保护区，
防止储能电站发生故障时，引起变电站、线路连锁反应；不应贴邻
或设置在生产、储存、经营易燃易爆危险品的场所，防止其他危
险源威胁储能电站的安全运行；电池舱（室）不应设置在人员密
集场所、建筑物内部或其地下空间，确保储能电站故障时的人身
安全。

11.4.6 电网侧独立储能电站不应与变电站合建，保持必要的空
间隔离。

【释义】

明确了电网侧独立储能电站规划设计要求。独立储能电站是相
对于风储、光储等整合型储能电站，与发电设备彻底分开，在投资
界面上主体明确、产权清晰的储能电站，可直接接受调度指令，参
与本地电网调峰调频。为确保独立储能电站发生故障时不影响变电
站的安全可靠运行，独立储能电站不应与变电站合建，并在空间上
保持必要的隔离。

11.4.7 在电网延伸困难、站址和走廊资源紧张、电网供电能力不足、
应急保障要求较高等地区，可通过技术经济分析后合理开展电网侧
替代性储能建设。

【释义】

电网侧替代性储能为电网建设的一种技术选择，不具有独立市

场主体地位，主要用于解决基本供电问题、延缓电网升级改造、提升电压支撑能力与电网供电能力、提供应急供电保障和提高供电可靠性等，应用场景主要包括：

（1）在偏远、海岛等电网延伸困难地区，通过配置储能，解决基本供电问题。

（2）在变电站站址资源和输电线路走廊紧张地区，以及临时性负荷明显等地区，通过配置储能，缓解主变压器主变和线路重过载问题。

（3）在电网末端、配电网薄弱、新能源高渗透率接入等地区，通过配置储能，提升电压支撑能力和电网供电能力。

（4）针对紧急供电或重要电力用户等需求，通过配置储能，提供应急供电保障，提高供电可靠性。

12　规划计算分析要求

【释义】

规划计算分析是保障配电网规划方案科学合理的重要手段，也是后续技术经济分析的重要基础。本章主要明确了配电网规划计算分析的一般要求，以及潮流、短路电流、供电可靠性、供电安全水平、无功规划和效率效益等计算分析相关要求。

12.1　一般要求

12.1.1　应通过计算分析确定配电网的潮流分布情况、短路电流水平、供电安全水平、供电可靠性水平、无功优化配置方案和效率效益水平。

【释义】

在配电网规划设计工作中，量化计算分析是电网现状诊断、薄弱环节查找、规划方案生成及方案论证等的技术支撑，同时也是后续技术经济分析的重要基础。此外，随着国家"双碳"战略的实施，分布式电源、微电网、电动汽车充换电设施和新型储能等多元主体规模化接入，配电网由"源随荷动"向"源—网—荷—储"协同互动转变，运行方式将会变得更加复杂，规划计算分析的重要性也会更为突出。

12.1.2　配电网计算分析应采用合适的模型，数据不足时可采用典型模型和参数。计算分析所采用的数据（包括拓扑信息、设备参数、运行数据等）宜通过在线方式获取，并遵循统一的标准与规范，确保其完整性、合理性和一致性。

【释义】

配电网计算分析离不开数据模型和相关数据的支持。IEC 61970《能量管理系统应用程序接口》率先提出了电力系统公共信息模型（CIM），用于解决输电网的数据信息互联互通问题，是电力系统数据模型最基本的标准；IEC 61968《电力企业应用集成 配电管理的系统接口》（对应国内 DL/T 1080《电力企业应用集成 配电管理的系统接口》系列标准）引用了 CIM 并提出了配电的 CIM 扩展（CIM extensions for distribution），用于配电网建模，实现配电网各信息系统数据的高效交换；在 IEC 61970/61968 CIM 基础之上，国家电网有限公司内部发布了 SG-CIM 标准（Q/GDW 10703《国家电网有限公司公共信息模型（SG-CIM）》），用来规范公司信息系统模型及相关应用。配电网计算分析相关软件开发时应遵循与其他信息系统相同的 CIM 标准，便于实现数据交换。同时，配电网点多面广、数据量巨大，对于包含数千条馈线的中等规模配电网，其地理拓扑节点数已经达到数万或数十万个，手工收集数据工作繁杂、难度很大，且容易出现错误。因此，计算分析所需用的数据宜通过标准模型采用在线方式获取，或通过标准模型从已有信息系统中导出，以确保数据的完整性、合理性和一致性，减少规划人员的数据预处理工作量。

12.1.3 分布式电源和储能设施、电动汽车充换电设施等新型负荷接入配电网时，应进行相关计算分析。

【释义】

随着分布式电源、微电网、电动汽车充换电设施和新型储能等多元主体的规模化接入，配电网发展面临诸多新挑战和不确定性。有必要在接入前对接入后的配电网进行计算分析，包括潮流、短路电流、供电可靠性、供电安全水平、无功配置等相关内容，确保电网安全可靠、经济高效运行。

12.1.4 配电网计算分析应考虑远景规划,远景规划计算结果可用于电气设备适应性校核。

【释义】

应对远景(15年以上)规划电网关键指标进行计算分析,主要用于对电气设备在目标电网形态下的适应性进行校核。需综合考虑网架、负荷等要素的演进情况,通过量化计算,对远景规划年配电网的潮流分布、短路容量、供电可靠性和供电安全水平等指标进行分析,以评估网架结构及电气设备的适应性。

12.1.5 配电网规划应充分利用辅助决策手段开展现状分析、负荷预测、多方案编制、规划方案计算与评价、方案评审与确定、后评价等工作。

【释义】

明确了充分利用辅助决策手段开展配电网规划的基本要求。配电网规划主要包括现状分析、负荷预测、电力电量平衡、变电站(电源)选址定容、网架规划、规划方案编制、方案计算与评价、方案评审与确定、后评价等环节,在配电网规划的各环节中,应充分利用信息化辅助决策手段,提升规划的科学性和精益化水平,支撑"规划落地,投资精准"。

12.2 潮流计算分析

12.2.1 潮流计算应根据给定的运行条件和拓扑结构确定电网的运行状态。

【释义】

潮流计算是根据给定的电网结构、系统参数和电源、负荷等元件的运行条件,确定电力系统各部分稳态运行状态参数的计算。通常给定的运行条件有系统中各电源和负荷点的功率、枢纽点电压、平衡点的电压和相位角。待求的运行状态参量包括电网各母线节点的电压幅值和相角，以及各支路的功率分布、网络的功率损耗等。潮流计算属于基础计算，在配电网供电安全分析、供电可靠性计算和无功规划计算以及其他配电网相关计算时，潮流校核是必要环节。潮流计算需要根据给定的运行条件和拓扑结构确定网络的运行状态，对配电网（全部馈线或部分馈线）的电源潮流、母线潮流、线段潮流、负荷潮流、单个设备功率损耗以及系统功率损耗等进行计算。对于传统无源辐射式配电网，一般采用前推回代法，该方法计算简单，收敛可靠，在中压配电网潮流计算中广泛使用；随着分布式电源、储能等多元主体的规模化接入，加上转供操作需要短时环网运行，前推回代法潮流遇到了困难，同时，由于 R/X 过大，常规用于输电网的 PQ 分解法基本不能使用，牛-拉法成为解决有源环网潮流计算的有效方法。

12.2.2 应按电网典型方式对规划水平年的 110 kV～35 kV 电网进行潮流计算。

【释义】

明确了 110 kV～35 kV 电网进行潮流计算的基本要求。对于规划水平年的潮流计算，可选取典型运行方式下的断面数据进行稳态潮流计算。

110 kV～35 kV 电网属于高压配电网，高压配电网三相负荷基本平衡，计算参数基本齐全，有实时测量的负荷数据，具备进行潮流计算的必备条件。潮流计算方法可采用牛-拉法、PQ 分解法等，计算时，其上级 220（330）kV 电网节点可按平衡节点处理。

10（20）kV 电网属于中压配电网，主要采用闭环设计开环运行方式，对具备条件的地区，也可对规划水平年的 10（20）kV 电网进行潮流计算。潮流计算方法可采用前推回代法、牛-拉法。

12.2.3 10 kV 电网在结构发生变化或运行方式发生改变时应进行

潮流计算，可按分区、变电站或线路计算到节点或等效节点。

【释义】

与 12.2.1 相似，10 kV 电网在结构或运行方式发生改变时，相当于电网的拓扑结构和运行条件发生了改变，应根据新的拓扑结构和运行条件，按照分区、变电站或线路，到 10 kV 配电变压器、环网室（箱）等节点进行计算，计算内容包括电源潮流、母线潮流、线段潮流、负荷潮流、单个设备功率损耗以及整体线损等。

12.3 短路电流计算分析

12.3.1 应通过短路电流计算确定电网短路电流水平，为设备选型等提供支撑。

【释义】

短路电流计算是配电网规划设计中必须进行的一项计算分析工作，本条主要明确了配电网短路电流计算的目的，即通过计算，明确各节点的短路电流，为电气设备选择和校验、继电保护装置选型和整定、短路电流限制措施选择等提供支撑。为选择和校验电气设备、载流导体和整定供电系统的继电保护装置，需要计算三相短路电流；校验继电保护装置的灵敏度，需要计算不对称短路电流；校验电气设备及载流导体的动稳定和热稳定，需要计算短路冲击电流、稳态短路电流及短路容量；对瞬时动作的低压断路器需要计算冲击电流有效值以进行动稳定校验。配电网短路电流计算不仅是规划必需的计算之一，也是配电网日常运行所需要的常用计算。根据 IEC 60364《建筑物电气装置》的规定，必须计算在电路电源点的预期最大短路电流和电路末端的预期最小短路电流。

在开展配电网规划的过程中，短路电流计算重点关注 10 kV 配电网的短路电流水平。10 kV 配电网以 10 kV 母线为电源点，其预期的最大短路电流计算可通过 110 kV 配电网及高压输电网计算程序来解决。当需要计算 10 kV 出口以外的馈线段和馈线末端的短路电流时，可以 10 kV 母线短路容量为基础（可将 10 kV 母线的系统侧进行等值计算，也就是用已知的短路容量计算出从 10 kV 侧等效的系统阻抗），计算沿馈线走向的短路电流分布，计算关注的重点是 10 kV 开关站、配电变压器等处发生短路的后果。

短路电流指标较多，计算方法也多种多样，可以采用基于潮流的算法求解，也可以采用基于导纳矩阵的对称分量法进行求解，每种方法都有其适用范围。一般情况下，对于辐射网，可用潮流法求解；对于具有多电源点的环网，可用基于导纳矩阵的对称分量法求解。

12.3.2 在电网结构发生变化或运行方式发生改变的情况下，应开展短路电流计算，并提出限制短路电流的措施。

【释义】

明确了外界条件（电网结构、运行方式等）发生变化时，应对系统短路电流开展计算，并对短路电流越限的节点，提出限制短路电流的措施，包括加装限流电抗器、采用分裂低压绕组变压器、选择合理的主接线和运行方式等。

12.3.3 110 kV～10 kV 电网短路电流计算，应综合考虑上级电源和本地电源接入情况，以及中性点接地方式，计算至变电站 10 kV 母线、电源接入点、中性点以及 10 kV 线路上的任意节点。

【释义】

明确了 110 kV～10 kV 电网短路电流计算的基本要求，即要考虑各类电源（上级电源、本级电源、分布式电源）接入情况及中性点接地方式对短路电流计算结果的影响，同时应具备计算变电站 10 kV 母线、电源接入点、中性点以及 10 kV 线路上各类节点短路电流的能力。

12.4 供电安全水平计算分析

12.4.1 应通过供电安全水平分析校核电网是否满足供电安全准则。

【释义】

供电安全水平分析,也称为 N-1 安全校验计算,是潮流计算的高级应用,其实质是检验电力网络在非健全状态下的功率分布和转供能力,涉及的电网元件、计算参数及计算结果与潮流计算要求相同,通常是对电力网络中所有线路和变压器进行校验。配电网的 N-1 校验和输电网有本质的不同,配电网设备均处于电网的末端,当设备发生停运时,影响范围小,一般不会对大电网的稳定造成影响,但对用户体验影响较大。因此,需要通过供电安全水平分析,研究故障后的停电后果、对负荷特别是重要负荷的转供能力及转供路径等,以尽量减少停电损失。针对 110 kV ~ 35 kV 高压配电网及 10 kV 中压配电网,均需要分别开展供电安全水平分析。

12.4.2 供电安全水平计算分析的目的是校核电网是否满足供电安全标准,即模拟低压线路故障、配电变压器故障、中压线路(线段)故障、110 kV ~ 35 kV 变压器或线路故障对电网的影响,校验负荷损失程度,检查负荷转移后相关元件是否过负荷、电网电压是否越限。

【释义】

明确了供电安全水平计算分析的目的,即通过模拟各级各类设备故障,校验负荷损失程度、负荷转移后相关元件的过负荷情况及电压越限情况,评估电网的供电安全水平。

12.4.3 可按典型运行方式对配电网的典型区域进行供电安全水平分析。

【释义】

明确了进行供电安全水平分析的基本要求,即可选取配电网的典型日断面，对配电网的典型区域开展供电安全水平分析。

12.5 供电可靠性计算分析

12.5.1 供电可靠性计算分析的目的是确定现状和规划期内配电网的供电可靠性指标，分析影响供电可靠性的薄弱环节，提出改善供电可靠性指标的规划方案。

【释义】

明确了供电可靠性计算分析的目的。供电可靠性计算是配电网规划计算的核心功能，其计算方法主要有模拟法和解析法，模拟法中的典型方法为蒙特卡洛模拟法，常用的解析法有故障模式影响分析法、最小路法、最小割集法等。通过计算现状电网供电可靠性，可以查找在网架、设备、技术等方面影响现状电网供电可靠性的薄弱环节，进而有针对性地提出改善供电可靠性的策略和措施，支撑规划方案制定。

12.5.2 供电可靠性指标可按给定的电网结构、典型运行方式以及供电可靠性相关计算参数等条件选取典型区域进行计算分析。计算指标包括系统平均停电时间、系统平均停电频率、平均供电可靠率、用户平均停电缺供电量等。

【释义】

明确了供电可靠性指标计算的基本要求和主要计算指标。供电可靠性计算的前置条件主要包括：网络拓扑、典型运行方式下（如一年中的典型日）的负荷数据，以及可靠性计算参数（设备故障率、平均故障修复时间、联络开关切换时间等），在满足以上条件的基础上，可以选取典型区域进行供电可靠性指标计算。具体计算指标可根据 DL/T 836《供电系统供电可靠性评价规程》进行选取。

12.5.3 供电可靠性指标计算方法应符合 DL/T 836 的相关规定。

【释义】

明确了供电可靠性指标的计算方法,具体应符合 DL/T 836《供电系统供电可靠性评价规程》中的相关规定。

12.6 无功规划计算分析

12.6.1 无功规划计算分析的目的是确定无功配置方案(方式、位置和容量),以保证电压质量,降低网损。

【释义】

明确了配电网无功规划计算分析的目的,即通过无功规划计算分析,确定配电网的无功配置方案,包括无功补偿方式、补偿位置和补偿容量。配电网进行无功补偿的主要目的是提高负荷功率因数,改善电能质量,降低电能损耗。

配电系统的无功补偿通常包括变电站集中补偿、中压线路补偿、配电变压器低压侧就地补偿,补偿设备有电容器、静止无功发生器等,以电容器补偿为主,有条件的地区可采用静止无功发生器等动态平滑补偿装置。补偿容量通常以节点电压合格、网损最小、设备动作次数最少等为目标通过优化计算来确定。

12.6.2 无功配置方案需结合节点电压允许偏差范围、节点功率因数要求、设备参数(变压器、无功设备与线路等)以及不同运行方式进行优化分析。无功总容量需求应按照大负荷方式计算确定,分组容量应考虑变电站负荷较小时的无功补偿要求合理确定,以达到无功设备投资最小或网损最小的目标。

【释义】

无功配置方案需综合考虑供电区域、电网层级、供电安全性、线路损耗、现场条件等多种因素,结合电能质量、设备选型、运行方式等要求进行设计。无功补偿装置分组容量可参照 Q/GDW 1212《电力系统无功补偿配置技术导则》的相关规定,通过一定的优化方法进行合理确定。

12.7 效率效益计算分析

12.7.1 应分电压等级开展线损计算。对于 35 kV 及以上配电网，应采用以潮流计算为基础的方法来计算；对于 35 kV 以下配电网，可采用网络简化和负荷简化方法进行近似计算。

【释义】

线损计算属于配电网常规计算。根据各级电网的不同特点，需要分电压等级进行计算。35 kV 及以上的高压配电网，三相负荷基本平衡，其结构和参数基本齐全，有实时测量的负荷数据，可以采用单相（正序）潮流计算方法来求取网络损耗。35 kV 以下配电网设备和网络规模大，大多为辐射结构或环网结构开环运行，其线路的 R/X 较大，而且基础数据、运行方式和运行数据获取较难，可采用网络简化和负荷简化方法，近似计算配电网线损，主要计算方法为均方根法。具体方法和流程可参照 DL/T 686《电力网电能损耗计算导则》执行。

12.7.2 应开展设备利用率计算分析，包括设备最大负载率、平均负载率、最大负荷利用小时数、主变压器（配电变压器）容量利用小时数等指标。

【释义】

设备利用率是反映配电网运行效率的关键指标之一，在确保供电质量的前提下，合理提高设备利用率可有效提升配电网运行效率，节约建设和运营成本。本条明确了配电网设备利用率相关计算的基本要求和主要指标，计算涉及的对象主要是配电网线路及变压器，计算指标主要有最大负载率、平均负载率、最大负荷利用小时数、主变压器（配电变压器）容量利用小时数等。

12.7.3 应分析单位投资增供负荷、单位投资增供电量等经济性指标。

【释义】

单位投资增供负荷和单位投资增供电量是表征配电网规划经济效益的主要指标，在很大程度上反映了规划项目的增供扩销和盈利能力。本条明确了配电网规划经济效益相关计算的基本要求和主要指标，涉及的投资主要是指国家电网有限公司经营范围内的配电网投资。单位投资增供负荷（kW/元）、单位投资增供电量（kWh/元）可参照如下方法进行计算：

单位投资增供负荷=（期末年供电最大负荷−期初年供电最大负荷）/规划期内电网投资。

单位投资增供电量=（期末年供电量−期初年供电量）/规划期内电网投资。

13 技术经济分析

【释义】

技术经济分析是配电网规划的重要环节之一，本章主要明确了配电网技术经济分析的目的、方法和指标。

13.1 技术经济分析应对各备选方案进行技术比较、经济分析和效果评价，评估规划项目在技术、经济上的可行性及合理性，为投资决策提供依据。

【释义】

明确了对规划项目进行技术经济分析的总体要求。

对规划项目进行技术经济分析时，在技术性可行的前提下，再考虑经济性，从而比选各备选方案，选出最优方案。备选方案一般包括维持现状的方案、减少停电次数的方案、减少停电时间的方案等，提出方案需满足供电可靠性要求。效果评价不仅限于技术指标和投入产出效益，配电网项目一般兼具政治或民生属性，仅从电网角度进行技术经济性比选难以客观全面分析规划项目的实施效果，宜增加社会效益分析。

与原《导则》相比，本条将"是指"修订为"应"，强调技术经济分析的必要性；考虑到备选方案的评估周期可能不一致，删除了"在评估周期内"；考虑到除建设类项目外，规划项目还有其他的类型，将"规划项目（新建、改扩建）"修订为"规划项目"。

13.2 技术经济分析应确定规划目标和全寿命周期内投资费用的最佳组合，可根据实际情况选用以下两种评估方式：

a）在给定投资额度的条件下选择规划目标最优的方案；

b）在给定规划目标的条件下选择投资最小的方案。

【释义】

明确了技术经济分析的目标要求和评估方式。

规划属性分为单属性规划和多属性规划。在单属性规划中，只能确定一个属性，如费用最小或规划目标最优，无法同时考虑这两个属性的关系；在多属性规划中，最终可确定属性之间的关系，如规划目标属性和费用属性之间的价值关系。

帕累托（Pareto）优化曲线可显示多属性规划中多个属性情况下的分析结果，如供电可靠性、费用等。电力企业在对系统进行扩展规划或运行时，帕累托曲线可显示不同方案的费用与供电可靠性之间的关系。帕累托曲线上的每一个点都代表一个供电可靠性和费用的最佳组合，也即获得任何一种供电可靠性水平所需花费的最少费用。帕累托曲线可为电力企业在多属性规划时提供选择，并可对多个属性进行权衡。

图 13-1 给出了某个供电区域的帕累托（Pareto）优化曲线示意，包括三种不同的投资方案，第一段曲线对应架空线模式的投资方案，

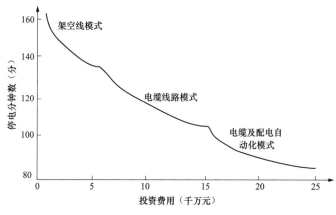

图 13-1　帕累托（Pareto）优化曲线示意

第二段曲线对应电缆线路模式，第三段曲线对应电缆及配电自动化模式。

与原《导则》相比，本条将"需"修订为"应"，将"供电可靠性"修订为"规划目标"，体现了规划导向的转变，规划目标内涵更广，统筹了安全、质量、效率和效益。

13.3 技术经济分析的评估方法主要包括最小费用评估法、收益/成本评估法以及收益增量/成本增量评估法。最小费用评估法宜用于确定各个规划项目的投资规模及相应的分配方案。收益/成本评估法宜用于新建项目的评估，可通过相应比值评估各备选项目。收益增量/成本增量评估法可用于新建或改造项目的评估。

【释义】

明确了技术经济分析的主要评估方法及其适用范围。

（1）在对规划项目进行评估过程中可选择不同的评估方法，主要评估方法的适用范围如下：

a）最小费用评估法为单属性规划方法，是一种采用标准驱动、最小费用、面向项目的评估和选择过程，用以确定各个项目的投资规模及相应的分配方案。

b）收益/成本评估法为多属性规划方法，以收益与成本两者的比值来确定项目的优点，其评估和选择过程，一般需通过有效的比值来评估各备选项目，一般用于新建项目评估。

c）收益增量/成本增量评估法为多属性规划方法，基于收益增量与成本增量比值，既可用于新建项目评估，也可用于改造项目评估。收益增量是当前方案与相邻方案（比当前方案收益稍差的方案）间的收益差值，成本增量是当前方案与相邻方案间的成本差值（即边际成本）。

（2）总费用现值指全寿命周期成本，包括投资成本、运行成本、检修维护成本、故障成本、退役处置成本等。总费用现值计算模型如下：

$$LCC = \left[\sum_{t=1}^{n} \frac{(CI)_t + (CO)_t + (CM)_t + (CF)_t}{(1+i)^{t-1}} \right] + \frac{CD}{(1+i)^n} \qquad (13\text{-}1)$$

式中： LCC ——总费用现值；

$\quad n$ ——评估年限，与设备寿命周期相对应；

$\quad i$ ——折现率；

$(CI)_t$ ——第 t 年的期初投资成本，主要包括设备的购置费、安装调试费和其他费用；

$(CO)_t$ ——第 t 年的期初运行成本，主要包括设备能耗费、日常巡视检查费和环保等费用；

$(CM)_t$ ——第 t 年的期初检修维护成本，主要包括周期性解体检修费用、周期性检修维护费用；

$(CF)_t$ ——第 t 年的期初故障成本，包括故障检修费用与故障损失成本；

$\quad CD$ ——期末的退役处置成本，包括设备退役处置时的人工、设备费用以及运输费和设备退役处理时的环保费用，并应减去设备退役时的残值。

其中，故障损失成本的计算模型如下：

故障损失成本=单位电量停电损失成本×缺供电量

式中，单位电量停电损失成本包括售电损失费、设备性能及寿命损失费以及间接损失费，可根据历史数据统计得出，作为预测时的依据。

与原《导则》相比，本条增加了"最小费用评估法宜用于确定各个规划项目的投资规模及相应的分配方案。收益/成本评估法宜用于新建项目的评估，可通过相应比值评估各备选项目。收益增量/成本增量评估法可用于新建或改造项目的评估。"明确了三种评估方法的适用范围。

13.4 技术经济分析评估指标主要包括供电能力、供电质量、效率

效益、智能化水平、全寿命周期成本等。

【释义】

明确了主要的技术经济分析评估指标。

评估指标主要包括技术指标和经济指标两类。宜包括下列内容：

（1）供电能力。供电能力一般以区域（省、市、县、供电分区、供电网格、供电单元等）单一或全电压等级公用变压器（配电变压器）容量、容载比等为主要表征指标。

（2）供电质量。供电质量一般以供电可靠率、用户年均停电时间、用户年均停电次数、综合电压合格率等为主要表征指标。

（3）效率效益。效率效益一般以年最大负荷利用小时数、线损率、最大负载率、平均负载率、单位投资增供负荷、单位投资增供电量等为主要表征指标，对于潮流双向流动系统最大负荷和负载率均按照绝对值统计计算。

（4）智能化水平。智能化水平一般以配电自动化主站覆盖率、配电自动化终端覆盖率、智能配电变压器终端覆盖率、智能电能表覆盖率、用电信息采集系统覆盖率、配电通信网覆盖率等为主要表征指标。

（5）全寿命周期成本。全寿命周期成本包括投资成本、运行成本、检修维护成本、故障成本、退役处置成本等。

与原《导则》相比，本条出自原13.3主要评估指标说明，将"供电能力、转供能力、线损率、供电可靠性"修订为"供电能力、供电质量、效率效益、智能化水平"，将"设备投资费用、运行费用、检修维护费用、故障损失费用"修订为"全寿命周期成本"，使评估指标更加对等、全面。

13.5 在技术经济分析的基础上，还应进行财务评价。财务评价应根据企业当前的经营状况及折旧率、贷款利息等计算参数的合理假定，采用内部收益率法、净现值法、年费用法、投资回收期法等，分析配电网规划期内的经济效益。

【释义】

明确了对规划项目进行财务评价的总体要求。

财务评价是在国家现行财税制度和价格体系的前提下，从项目的角度出发，计算项目范围内的财务效益和费用，分析项目的盈利能力和清偿能力，评价该项目在财务上的可行性，财务评价应在项目财务效益与费用估算的基础上进行。

（1）内部收益率法。内部收益率是指项目在计算期内各年净现金流量现值累计等于零时的折现率，是考察项目盈利能力的主要动态评价指标。计算公式如下：

$$\sum_{t=1}^{n} (CI-CO)_t (1+IRR)^{-t} = 0 \qquad (13\text{-}2)$$

式中： IRR ——内部收益率；

  CI ——现金流入量；

  CO——现金流出量；

（CI–CO）$_t$ ——第 t 期的净现金流量；

  n ——项目计算期。

对于单一项目的经济评估，将内部收益率 IRR 与基准收益率 i_c 相比较。当 IRR $\geq i_c$ 时，说明该项目在经济上是可行的；反之，当 IRR $< i_c$ 时，说明该项目有亏损的风险，经济上不可行。

（2）净现值法。净现值是按行业基准收益率将项目计算期内各年的净现金流量折算到建设初期的现值之和。计算公式如下：

$$NPV = \sum_{t=1}^{n} (CI-CO)_t (1+i_c)^{-t} \qquad (13\text{-}3)$$

式中： NPV ——净现值；

  CI ——现金流入量；

  CO ——现金流出量；

（CI–CO）$_t$ ——第 t 期的净现金流量；

n ——项目计算期；

i_{c} ——基准收益率。

对于单一方案的经济评估，NPV ≥ 0 的项目是可行的。净现值越大，盈利越大。

（3）年费用法。年费用法是将全寿命周期内各种费用和支出都均摊到各年，并计算出不同方案的年费用后进行比较，从而评价选择最优方案，适用于备选方案的计算期不一致的情形。当效益相等时，哪个方案年费用最低，其经济效益就最好。

$$\mathrm{AC} = \left[\sum_{t=1}^{n}(\mathrm{CO})_t(P/F,i,t)\right](A/P,i,n) \qquad (13\text{-}4)$$

式中： AC ——费用年值；

$(\mathrm{CO})_t$ ——第 t 期的现金流出量；

n ——项目计算期；

i ——折现率；

$(P/F,\ i,\ t)$ ——现值系数 $[(1+i)^{-t}]$；

$(A/P,\ i,\ n)$ ——资金回收系数 $\left[\dfrac{i(1+i)^n}{(1+i)^n-1}\right]$。

（4）投资回收期法。投资回收期指以项目的净收益回收项目投资所需要的时间，是考察项目投资回收能力的重要静态评价指标。宜从建设期开始算起，计算公式如下：

$$\sum_{t=1}^{P_t}(\mathrm{CI}-\mathrm{CO})_t = 0 \qquad (13\text{-}5)$$

投资回收期为项目投资现金流量表中累计净现金流量由负值变为零的时点，可按下式计算：

$$P_t = T_{\mathrm{a}} - 1 + \frac{\left|\sum_{t=1}^{T_{\mathrm{a}}-1}(\mathrm{CI}-\mathrm{CO})_t\right|}{(\mathrm{CI}-\mathrm{CO})_{T_{\mathrm{a}}}} \qquad (13\text{-}6)$$

式中： P_t ——静态投资回收期；

$\quad\quad\quad T_a$ ——累计净现金流量首次出现正值或零的年份；

$\quad\quad\quad$ CI ——现金流入量；

$\quad\quad\quad$ CO ——现金流出量；

（CI–CO）$_t$ ——第 t 期的净现金流量。

对于单一方案的经济评估，将投资回收期 P_t 与期望回收期 T_S 相比较。当 $P_t \leqslant T_S$ 时，方案可行；当 $P_t > T_S$ 时，方案不可行。投资回收期越短，表明项目投资回收越快，抗风险能力越强。

与原《导则》相比，本条将"需"修订为"应"，将"主要"修订为"应"，将"财务内部收益率法、财务净现值法、年费用法、投资回收期法等方法"修订为"内部收益率法、净现值法、年费用法、投资回收期法等"。

13.6　财务评价指标主要包括资产负债率、内部收益率、投资回收期等。

【释义】

明确了主要的财务评价指标。

财务评价指标与计算主要依据《建设项目经济评价方法与参数（第三版）》（国家发展改革委、建设部发布，中国计划出版社）、行业标准 DL/T 5438《输变电工程经济评价导则》等，内部收益率、投资回收期计算公式可参见本《导则》13.5 的条文释义。

$$\text{资产负债率} = \text{负债总额} / \text{资产总额} \times 100\% \quad\quad (13\text{-}7)$$

负债总额指国家电网有限公司承担的各项负债的总和，包括流动负债和长期负债；资产总额指国家电网公司拥有的各项资产的总和，包括流动资产和长期资产。

附　录　A

（资料性）

配电网建设参考标准

各类供电区域配电网建设的基本参考标准见表 A.1。

表 A.1　配电网建设参考标准

供电区域类型	变电站			线路				电网结构		故障处理模式	配电自动化终端		通信方式
	建设原则	变电站型式	变压器配置容量	建设原则	线路导线截面选用依据	110 kV~35 kV 线路型式	10 kV 线路型式	110 kV~35 kV 电网	10 kV 电网		常规地区	分布式电源较多地区	
A+	土建一次建成，电气设备可分期建设	户内或半户内站	大容量或中容量	廊道一次到位，导线截面一次选定	以安全电流裕度为主，用经济载荷范围校核	电缆或架空线	电缆为主，架空线为辅	链式为主	环网为主	集中式或智能分布式	三遥为主	三遥为主	光纤通信为主，无线作为补充
A						架空线，必要时电缆	架空线，必要时电缆				三遥或二遥	三遥或二遥	
B		半户内或户外站	中容量或小容量				架空线，必要时电缆	链式、环网为主		集中式、智能分布式或就地型重合式	二遥为主	二遥为主	
C						架空线	架空线，必要时电缆			故障监测方式或就地型重合式	二遥为主		光纤、无线相结合

续表

供电区域类型	变电站			线路			电网结构		故障处理模式	配电自动化终端		通信方式
	建设原则	变电站型式	变压器配置容量	建设原则 线路导线截面选用依据	110 kV～35 kV线路型式	10 kV线路型式	110 kV～35 kV电网	10 kV电网		常规地区	分布式电源较多地区	
D	土建一次建成，电气设备可分期建设	户外或半户内站	小容量	以允许电压降作为依据	架空线	架空线	辐射、环网、链式	环网、辐射		基本型二遥为主	二遥为主	无线为主
E		户外	小容量	以允许压降为主，用机械强度校核	架空线	架空线	辐射为主	辐射为主	故障监测方式	基本型二遥为主	二遥为主	

注 1: 110 kV 变电站中，63 MVA 及以上变压器为大容量变压器，50 MVA、40 MVA 为中容量变压器，31.5 MVA 及以下变压器为小容量变压器。35 kV 变电站中，20 MVA 及以上为大容量，20 MVA、10 MVA 为中容量，10 MVA 以下为小容量。
注 2: 户内变电站布置方式：主变压器、配电装置为户内布置，设备采用全气体绝缘金属封闭开关设备形式；半户内变电站布置方式：主变压器为户内布置，配电装置为户外布置，配电装置均为户外布置。
注 3: B 类供电区域的 10 kV 联络开关和特别重要的分段开关，也可配置三遥。
注 4: C 类供电区域的 10 kV 开关，如确有必要，经论证后可采用少量三遥。
注 5: 10 kV 分布式电源并网点处应装设监控终端，接入低压分布式电源较多的公用配电变压器可装设台区监测终端。
注 6: 本表中的通信方式针对 10 kV 及低压配电网。
注 7: D、E 类地区，分布式电源通过 10 kV 汇集接入时，通信方式可采用光纤通信。

附 录 B
（资料性）
110 kV～35 kV 电网结构示意图

B.1 辐射结构示意图，见图 B.1～图 B.3。

图 B.1 单辐射

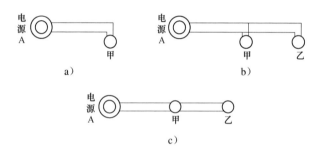

图 B.2 双辐射电网结构示意图

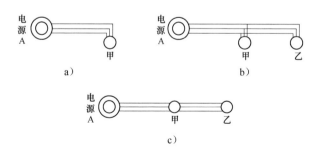

图 B.3 多辐射电网结构示意图

B.2 环网结构（环形结构，开环运行）示意图，见图 B.4 和图 B.5。

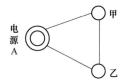

图 B.4 单环网结构示意图

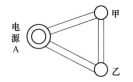

图 B.5 双环网结构示意图

B.3 链式结构示意图，见图 B.6～图 B.8。

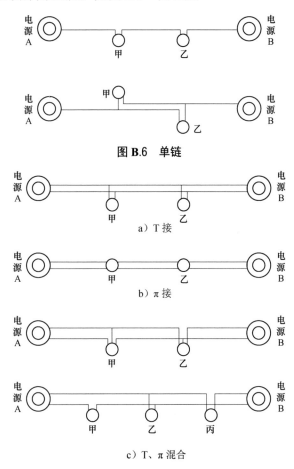

219

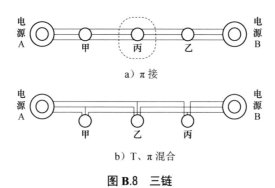

a）π接

b）T、π混合

图 B.8　三链

附 录 C
（资料性）
110 kV～35 kV 变电站电气主接线示意图

C.1 单母线接线示意图，见图 C.1。

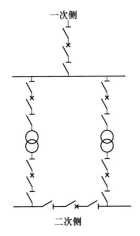

图 C.1 单母线接线示意图

C.2 单母线分段接线示意图，见图 C.2。

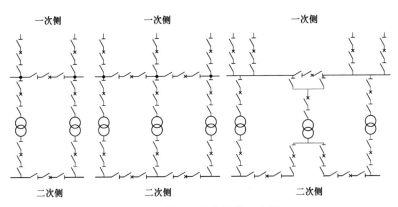

图 C.2 单母线分段接线示意图

C.3 桥式接线示意图，见图 C.3。

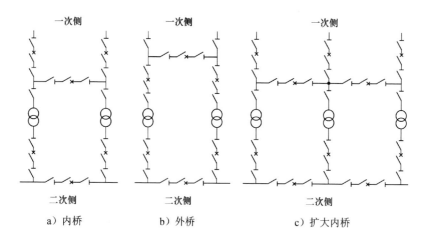

a）内桥 b）外桥 c）扩大内桥

图 C.3 桥式（内桥、外桥、扩大内桥）接线示意图

C.4 线变组接线示意图，见图 C.4。

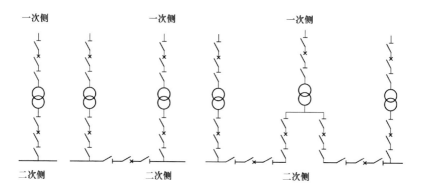

图 C.4 线变组接线示意图

C.5 环入环出接线示意图，见图 C.5。

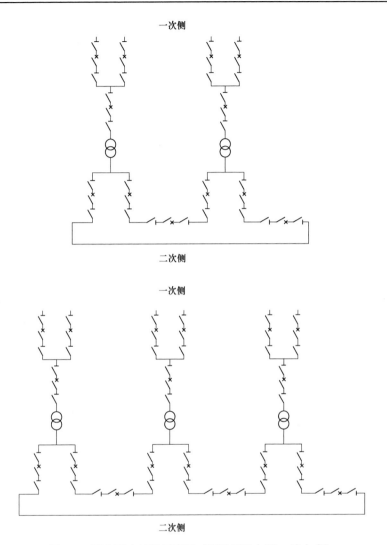

一次侧

二次侧

一次侧

二次侧

图 C.5　环入环出接线示意图（仅适用于电缆 T 接方式）

附　录　D
（资料性）
10 kV 电网结构示意图

D.1　架空网结构示意图，见图 D.1～图 D.3。

图 D.1　多分段单辐射架空网结构示意图

图 D.2　多分段单联络架空网结构示意图

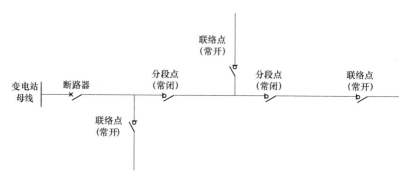

图 D.3　多分段适度联络架空网结构示意图

D.2　电缆网结构示意图，见图 D.4 和图 D.5。

图 D.4　单环式电缆网结构示意图

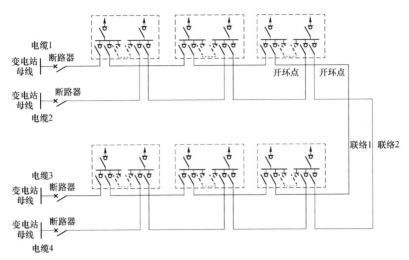

图 D.5 双环式电缆网结构示意图

附　录　E

（资料性）

220/380 V 电网结构示意图

220/380 V 电网结构示意图，见图 E.1、图 E.2。

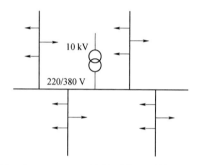

图 E.1　220/380 V 放射型电网结构示意图

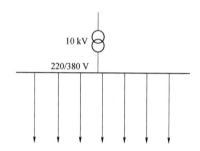

图 E.2　220/380 V 树干型电网结构示意图

附 录 F

（资料性）

分布式光伏并网方案参考表及接线示意

F.1 分布式光伏并网方案参考表见表 F.1。

表 F.1   分布式光伏并网方案参考表*

电压等级	运营模式	方案编码	并网点	接入容量范围
220 V	全额上网	GF220-T-1	220 V 公用电网线路或配电箱（单相）	8 kW 及以下
	自发自用、余量上网	GF220-Z-1	220 V 用户侧（单相）	8 kW 及以下
380 V	全额上网	GF380-T-1	公用电网 380 V 线路或配电箱	8 kW～100 kW
	全额上网	GF380-T-2	公用电网配电室、箱变或柱上变压器 380 V 母线	100 kW～400 kW
	自发自用、余量上网	GF380-Z-1	380 V 用户内部电网	8 kW～400 kW
10 kV	全额上网	GF10-T-1	经 1 回 10 kV 线路接入公用电网开关站、环网室（箱）、配电室或箱变 10 kV 母线、10 kV 线路	400 kW～1 MW
	全额上网	GF10-T-2	经多回 10 kV 线路汇集，再经 1 回 10 kV 线路接入公用电网开关站、环网室（箱）、配电室或箱变 10 kV 母线、10 kV 线路	1 MW～6 MW
	自发自用、余量上网	GF10-Z-1	用户 10 kV 母线	400 kW～6 MW
	全额上网	GF10-T-3	分多个并网点并网接入公用电网变电站 10 kV 母线，单个并网点不超过 6 MW	6 MW～20 MW
35 kV	全额上网	GF35-T-1	公用电网变电站 35 kV 母线	6 MW～20 MW
	全额上网	GF35-T-2	T 接公用电网 35 kV 线路	6 MW～20 MW
* 其他分布式电源可参照执行。				

F.2 分布式光伏接入 220 V 系统接线示意图见图 F.1 和图 F.2。

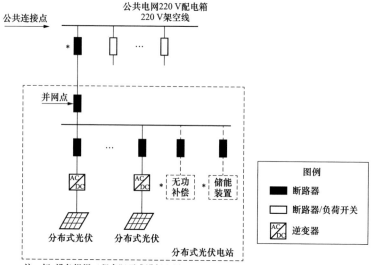

注：标*设备根据工程实际需求进行配置。

图 F.1　GF220-T-1 方案一次系统接线示意图

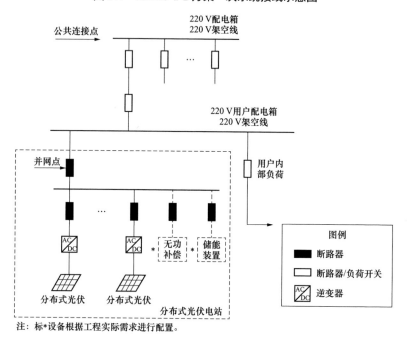

注：标*设备根据工程实际需求进行配置。

图 F.2　GF220-Z-1 方案一次系统接线示意图

F.3 分布式光伏接入 380 V 系统接线示意图见图 F.3～图 F.5。

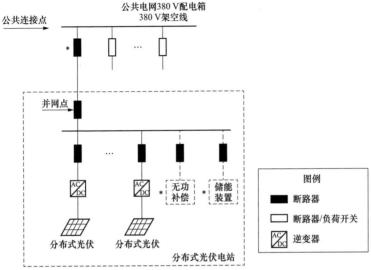

注：标*设备根据工程实际需求进行配置。

图 F.3　GF380-T-1 方案一次系统接线示意图

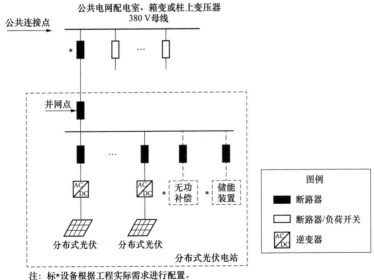

注：标*设备根据工程实际需求进行配置。

图 F.4　GF380-T-2 方案一次系统接线示意图

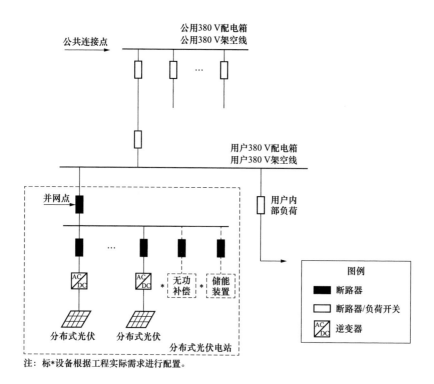

注：标*设备根据工程实际需求进行配置。

图 F.5　GF380-Z-1 方案一次系统接线示意图

F.4　分布式光伏接入 10 kV 系统接线示意图见图 F.6～图 F.9。

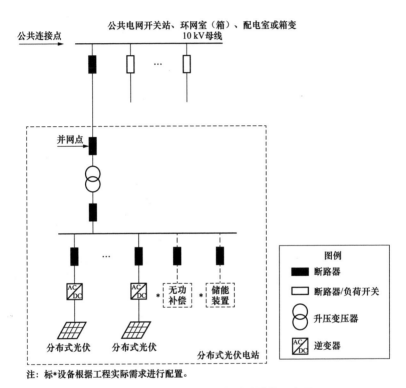

注：标*设备根据工程实际需求进行配置。

图 F.6 GF10-T-1 方案一次系统接线示意图

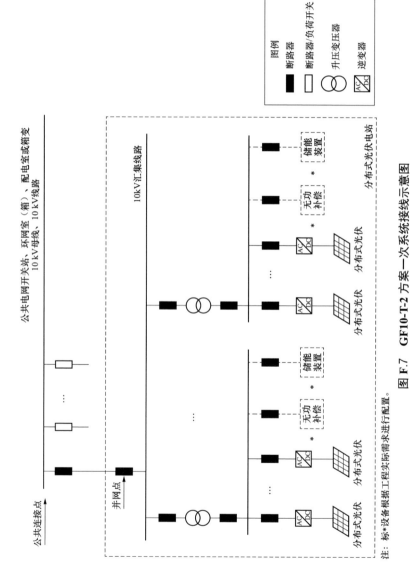

图 F.7 GF10-T-2 方案一次系统接线示意图

注：标*设备根据工程实际需求进行配置。

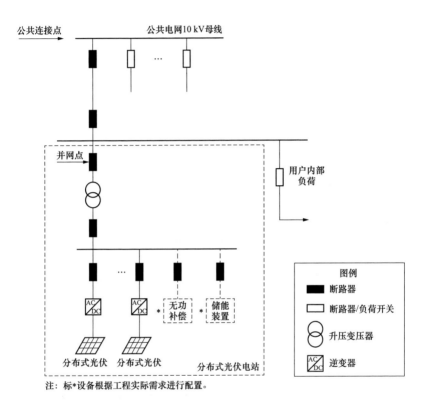

注：标*设备根据工程实际需求进行配置。

图 F.8　GF10-Z-1 方案一次系统接线示意图

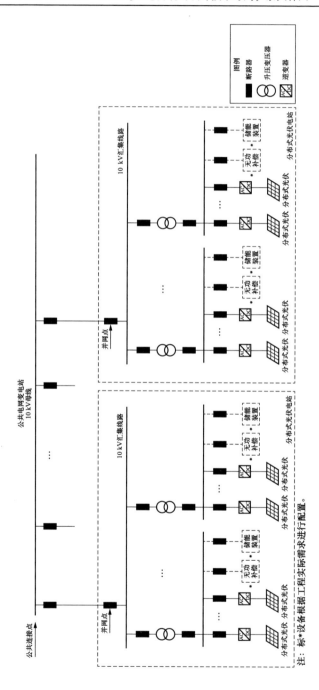

图 F.9 GF10-T-3 方案一次系统接线示意图

注：标*设备根据工程实际需求进行配置。

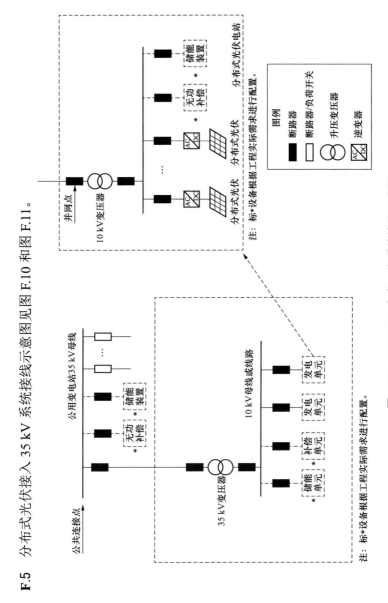

F.5 分布式光伏接入 35 kV 系统接线示意图见图 F.10 和图 F.11。

图 F.10 GF35-T-1 方案一次系统接线示意图

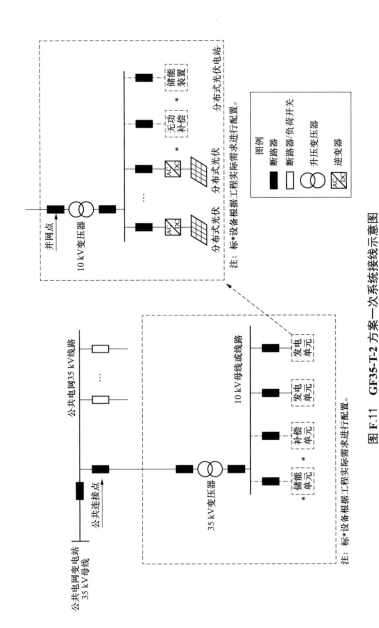

图 F.11　GF35-T-2 方案一次系统接线示意图